中等职业教育建筑装饰专业课改成果教材

SHINEI ZHUANGSHI JILIANG YU JIJIA

室内装饰计量与计价

主　　编 ⊙ 许宝良
执行主编 ⊙ 陈秀英
执行副主编 ⊙ 蒋晓达

zjfs.bnup.com | www.bnupg.com

图书在版编目(CIP)数据

室内装饰计量与计价 /许宝良主编. —北京：北京师范大学出版社，2018.1

(中等职业教育建筑装饰专业课改成果教材)

ISBN 978-7-303-22360-2

Ⅰ. ①室… Ⅱ. ①许… Ⅲ. ①建筑装饰—工程造价—职业教育—教材 Ⅳ. ①TU723.3

中国版本图书馆 CIP 数据核字(2017)第 114010 号

营销中心电话 010-58802181 58805532
北师大出版社职业教育分社网 http://zjfs.bnup.com
电子信箱 zhijiao@bnupg.com

出版发行：北京师范大学出版社 www.bnup.com
北京市海淀区新街口外大街 19 号
邮政编码：100875
印　　刷：北京东方圣雅印刷有限公司
经　　销：全国新华书店
开　　本：787 mm×1092 mm 1/16
印　　张：9.25
字　　数：211 千字
版　　次：2018 年 1 月第 1 版
印　　次：2018 年 1 月第 1 次印刷
定　　价：27.00 元

策划编辑：庞海龙　　责任编辑：马力敏
美术编辑：高　霞　　装帧设计：高　霞
责任校对：陈　民　　责任印制：陈　涛

《室内装饰计量与计价》编写组

主　编/许宝良

执行主编/陈秀英

执行副主编/蒋晓达

参编/姜雯钰　袁　娜

前言

本书是根据中职学生的特点、就业前景而编制的一本适应新教学改革的教材，编写目的是让初学者掌握室内装饰工程的工程量计算规则、价格套用、取费、总价汇总等基本知识，熟悉企业计价标准，了解室内装饰工程造价改革要求。

随着世界经济一体化的推进，我国着力打造与世界接轨的工程造价计价方法，其中，室内装饰工程造价的模式不断改革深化，许多传统工艺逐渐被新工艺、新材料所代替，传统计价模式也逐渐发展成企业自主报价模式，在工程计价上更加灵活多变，跟随项目本身特点、市场价格趋势而进行计量计价。为了适应室内装饰工程造价的改革需求，提高中职学生的就业能力，本书注重的是让学生学习计量与计价方法，地方定额只是一个参照依据，并不能作为最终计价依据，而企业自主报价将逐渐取代统一定额计价。基于中职学生基础知识比较弱，无现场工作经验，对项目和市场价格不可能短时间内全部掌握，况且在校时间短、课程安排有限等现状，直接采用企业自主计价进行理论教学，学生很难领悟整个工程造价的本质，停于表面的计价而无法适应多变的市场，只有熟练掌握定额中计量与计价的基本知识，通过案例加强巩固企业计价模式，才能以不变应万变，在日后企业自主计价中得心应手、游刃有余。

本书通过“项目法”进行阐述，通过项目引导、任务驱动的方式进行编排，采用目前常见的工程案例，详尽细致地介绍室内装饰工程计量与计价方法。本书注重“计量”，因为“计量”是工程造价的核心，是预算的灵魂，只有工程量计算准确，才能根据市场和企业具体情况，在相关政策引导下进行精准地计价。

本书主要是培养中职学生根据施工图样进行识别施工图样内容、掌握施工工艺，根据工程量计算规则进行计量，根据地方定额或企业清单价格标准进行计价，根据地方或企业取费标准进行取费，最后汇总成工程造价，编制成施工图预算书的过程。同时，本书参考了目前我国造价师及咨询师考试大纲的部分内容，力求实现专业人才培养与执业资格认证的顺利对接，而且书中兼有企业的工程实例，便于读者学习、理解和应用。

本书与现有教材的最大区别是，本书利用居民住宅施工图中各个分部工程，结合地方工程量计算规则与计价标准进行计量与计价，演示施工图预算的整个过程。中职学生接受能力慢，只有通过每个项目不断反复应用，才能增强中职学生对知识的牢固性掌握。另外，本书每个项目结束，都给学生布置一项任务让学生独立完成，培养学生对项目的理解并能独立进行项目的实施，整个教学过程贯彻“学中做、做中学”的特点，主要锻炼学生独立思考、独立操作的能力，不同于现有教材较注重讲与学，而忽视了学与做之间的关系。

本书主要分地面工程、墙柱面工程、顶棚工程、家具工程、油漆涂料工程、套房预算书案例、基础知识拓展几个分部工程，每个分部工程作为一个工程项目，把每个项目按工程预算的程序进行展开。

本书课时分配如下：

序号	内容	课时数	序号	内容	课时数
	项目 1	30	20	拓展训练	2
1	任务 1	4		项目 3	12
2	拓展训练	2	21	任务 1	4
3	任务 2	4	22	拓展训练	2
4	拓展训练	2	23	任务 2	4
5	任务 3	4	24	拓展训练	2
6	拓展训练	2		项目 4	8
7	任务 4	4	25	任务 1	2
8	拓展训练	2	26	拓展训练	2
9	任务 5	4	27	任务 2	2
10	拓展训练	2	28	拓展训练	2
	项目 2	30		项目 5	8
11	任务 1	4	29	任务 1	2
12	拓展训练	2	30	拓展训练	2
13	任务 2	4	31	任务 2	2
14	拓展训练	2	32	拓展训练	2
15	任务 3	4		项目 6	18
16	拓展训练	2	33	任务	4
17	任务 4	4	34	拓展训练	12
18	拓展训练	2		基础知识拓展	2
19	任务 5	4		课时总计	108

在本书编写过程中，参考了大量专家、学者的论著、文献及相关资料，还有一些装饰企业负责人提供的地方规范文件和企业文件，在此表示衷心感谢！

编　者

项目1 地面工程

项目描述

地面工程是装修工程中比较重要的分部工程，价格占总工程造价的近30%，地面工程中还含有很多分项工程，每种分项工程所用的材料及施工工艺都不同，学生要根据建筑装饰施工图样的具体内容，参照企业施工技术经济文件、地方定额标准进行该地面工程的施工图预算。

任务1 大理石楼梯面层工程直接费的确定

学习目标

(1)能正确识别大理石楼梯面层施工图样。

(2)懂建筑装饰材料、大理石楼梯面层施工工艺和工序。

(3)能按楼梯面层工程量的计算规则进行工程量计算。

(4)能根据定额标准进行定额套用。

(5)能汇总出大理石楼梯面层分项工程的直接费。

任务描述

本任务主要是学习大理石楼梯面层工程的直接费计算，要求学生根据任务中给出的大理石楼梯面层工程的标准施工图样(图1-1、图1-2)，根据《浙江省建筑工程预算定额》中的工程量计算规则汇总出工程量标准(表1-1)，根据《浙江省建筑工程预算定额》(表1-2、表1-3)直接查出或换算出定额单价，最终计算出此分项工程的直接费(表1-4)。

任务实施

一、识读施工图样

(1)休息平台、踏步均为大理石材料。
(2)楼梯投影宽 2540 mm，投影长 2970 mm。
(3)平台宽 1010 mm，楼梯井宽 240 mm。
(4)平台梁宽 240 mm。
(5)此叠加房有两层楼梯。
(6)踢脚线、扶手栏杆等项暂不考虑。

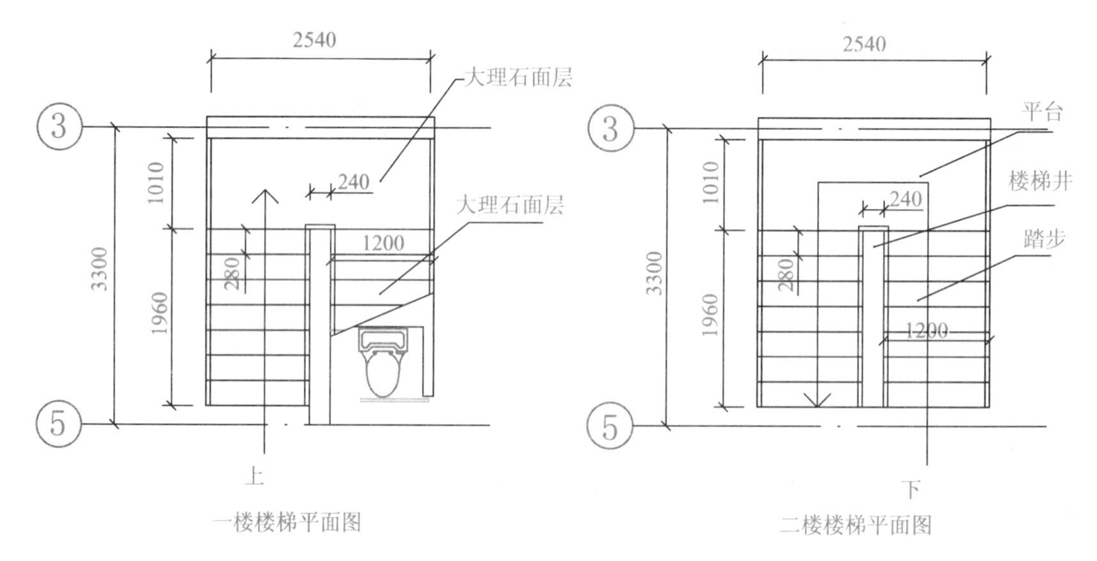

图 1-1　某叠加房一二层楼梯平面图

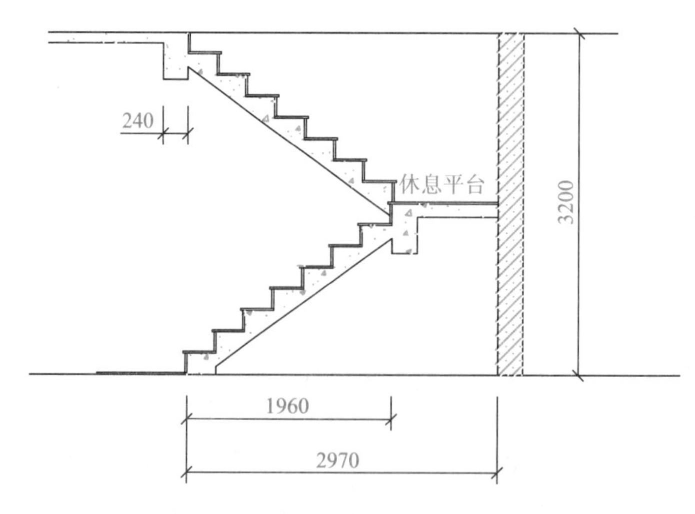

图 1-2　某叠加房楼梯侧立面图

二、确定施工内容

大理石楼梯面的施工内容：基层清理→找标高、弹线→试拼、编号→调运水泥砂浆→锯板、磨边→抹水泥砂浆结合层→贴大理石面层→灌缝、擦缝→净面→打蜡养护。

三、确定计量顺序及计量单位

1. 确定工程量的顺序

本地面施工图样按照定额顺序计算。

2. 确定工程量的计量单位

本地面以公制度量来计算面积，用 m^2 作为计量单位。

四、进行工程量的计算

1. 根据《浙江省建筑工程预算定额》第十章楼地面工程的工程量计算规则七、八列算式

七、楼梯装饰的工程量按设计图示尺寸以楼梯(包括踏步、休息平台以及 500 mm 以内的楼梯井)水平投影面积计算；楼梯与楼面相连时，算至梯口梁外侧边沿，无梯口梁者，算至最上一级踏步边沿加 300 mm。

解析：

步骤一，按图示尺寸以面积计算。

因为楼梯井在 500 mm 以内，所以不扣除楼梯井所占面积，有梯口梁，投影长应算至梯口梁外侧，那么，

楼梯面层面积 $S_{楼梯}$＝楼梯投影面积(含梯口梁)＝投影宽×(投影长＋梯口梁宽)

$$=2.54\ m\times(2.97+0.24)m=8.15\ m^2$$

步骤二，因为有两层楼梯，所以楼梯总面积是 2 倍，即 $8.15\ m^2\times2=16.30\ m^2$。

步骤三，得出楼梯面层工程量为 $16.30\ m^2$。

八、楼梯、台阶块料面层打蜡面积按水平投影面积以“m^2”计算。

石材面层打蜡面积＝楼梯投影面积＝投影宽×投影长×楼梯部数

$$=2.54\ m\times2.97\ m\times2=15.09\ m^2$$

2. 计算工程量的精度

本地面采用的是实木地板地面，属于一般要求，其工程量的精度按四舍五入原则，保留 2 位小数。

3. 把计算过程及结果以表格形式体现

计算过程及结果见表 1-1。

表 1-1　工程量计算表

序号	定额编号	分项工程名称	计算式	单位	工程量
1		楼梯大理石面层	2.54×(2.97+0.24)×2=	m^2	16.30
2		石材面层打蜡	2.54×2.97=	m^2	15.09

五、套用定额单价

1. 选择合适的定额的套用方式

根据装饰企业施工技术，本施工图样的分项工程工作内容与所套用的相应定额规定的工程内容是相符的，则可直接套用相应定额项目。

2. 查定额编号、确定定额单价

步骤一，确定大理石楼梯面层单价，根据表 1-2，查得定额编号 10—79，大理石楼梯面层对应定额基价为 24291 元/100 m^2，可以确定定额单价是 242.91 元/m^2。

步骤二，确定大理石面层打蜡单价，根据表 1-3，查得定额编号 10—41，石材楼梯面层打蜡对应定额基价为 409 元/100 m^2，可以确定定额单价是 4.09 元/m^2。

表 1-2　楼梯装饰——石材楼梯饰面

工作内容：清理基层、调制砂浆、刷纯水泥浆、锯板、磨边、贴面、擦缝、净面　　计量单位：100 m^2

定额编号		10—79	10—80
项　目		大理石楼梯面	花岗岩楼梯面
基价/元		24291	30532
其中	人工费/元	4389.00	4469.00
	材料费/元	19866.89	26027.69
	机械费/元	35.14	35.14

续表

名称		单位	单价/元	消耗量	
人工	三类人工	工日	50.00	87.780	89.380
材料	大理石板	m^2	120.00	154.020	—
	花岗岩板	m^2	160.00	—	154.020
	水泥砂浆 1∶2	m^3	228.22	2.760	2.760
	混合砂浆 1∶3∶9	m^3	233.07	0.667	0.667
	纯水泥浆	m^3	417.53	0.325	0.325
	水	m^3	2.95	4.010	4.010
	纸筋灰浆	kg	347.46	0.222	0.222
	混合砂浆 1∶0.5∶1	片	285.95	1.160	1.160
	白水泥	kg	0.60	15.160	15.160
	棉纱	kg	11.02	1.5000	1.5000
	石料切割锯片	片	31.30	0.550	0.550
机械	灰浆搅拌机 200 L	台班	58.57	0.600	0.600

表 1-3　块料楼地面——面层打蜡

工作内容：磨光、清洗、打蜡　　　　计量单位：100 m^2

定额编号				10—40	10—41
项　目				石材面层打蜡	
				楼地面	楼梯、台阶
基价/元				301	409
其中	人工费/元			232.00	313.00
	材料费/元			68.89	96.21
	机械费/元			—	—
名称		单位	单价/元	消耗量	
人工	三类人工	工日	50.00	4.640	6.260
材料	地板蜡	kg	14.94	2.732	3.900
	草酸	kg	4.71	1.000	1.350
	煤油	kg	3.20	4.000	5.400
	清油	kg	12.00	0.530	0.720
	松节油	kg	7.00	0.600	0.810

六、确定大理石楼梯面层工程直接费

1. 确定分项工程直接费

直接费可根据工程量和定额基价计算。其计算方法见下式：

分项工程直接费＝分项工程量×单位产品定额基价

根据以上公式，

大理石楼梯面层的直接费＝16.30 m^2×242.91 元/m^2＝3959.43 元

大理石面层打蜡的直接费＝15.09 m^2×4.09 元/m^2＝61.72 元

2. 以预算表格的形式体现

预算表格见表 1-4。

表 1-4　工程预算表

工程名称：××小区×幢×单元×室

<table>
<tr><td colspan="11">××建筑装饰设计工程有限公司</td></tr>
<tr><td colspan="11">工程预(决)算清单</td></tr>
<tr><td colspan="7">项目名称：×先生/女士公寓　客户电话：××××-×××××××××</td><td colspan="4">公司电话：
××××年×月×日　共×页</td></tr>
<tr><td rowspan="2">序号</td><td rowspan="2">定额编号</td><td rowspan="2">项目名称</td><td colspan="4">工程造价</td><td colspan="3">其中(单价)</td><td></td></tr>
<tr><td>单位</td><td>数量</td><td>单价</td><td>合价</td><td>材料</td><td>人工</td><td>机械</td><td>备注</td></tr>
<tr><td>一</td><td></td><td>地面工程</td><td></td><td></td><td></td><td></td><td></td><td></td><td></td><td></td></tr>
<tr><td>1</td><td>10－79</td><td>大理石楼梯面层</td><td>m^2</td><td>16.30</td><td>242.91</td><td>3959.43</td><td></td><td></td><td></td><td>2 层楼梯</td></tr>
<tr><td>2</td><td>10－41</td><td>大理石面层打蜡</td><td>m^2</td><td>15.09</td><td>4.09</td><td>61.72</td><td></td><td></td><td></td><td>2 层楼梯</td></tr>
<tr><td></td><td></td><td></td><td></td><td></td><td></td><td></td><td></td><td></td><td></td><td></td></tr>
<tr><td></td><td></td><td>直接费</td><td></td><td></td><td></td><td>4021.15</td><td></td><td></td><td></td><td></td></tr>
</table>

知识链接

大理石块料面层铺装楼梯分为踢步与踏步，踏步一般挑出 5 cm，在企业预算量中一般以实际面积计算，就是实际踏步面积加上踢步面积，还要加上相当比率的损耗，此处依据为《浙江省建筑工程预算定额》的工程量计算规则，属于定额报价，市场上一般是清单报价最为常见，定额只是参照标准，学的是计算与套用方法，并不能完全作为报价的直接依据，工作中要结合市场实际情况及企业情况进行报价。

拓展训练

假设图1-1、图1 2中，楼梯没有梯口梁，采用现浇彩色水磨石面层，踏步嵌铜板防滑条，两端尺寸距踏步边缘100 mm，其他尺寸与图相同，则请学生根据《浙江省建筑工程预算定额》中第十章的说明、工程量计算规则进行该楼梯面层直接费的计算。

(1)要求：分析图样、找出工量计算顺序和计量单位，按《浙江省建筑工程预算定额》的工程量计算规则进行工量计算，列出工量清单表，查《浙江省建筑工程预算定额》确定单价，根据要求汇总出楼梯面层直接费，列出预算表。

(2)评价：以小组为单位进行评价，5～8人为一个小组，按所列的要求一一完成，完成后利用分值标准评出优秀、良好、一般等品质。评价标准见表1-5。

表1-5　评价标准表

项次	项目任务	评价标准	分值	项目得分
1	识别图样能力	要准确识别尺寸、单位、装饰构造、装饰材料、施工工艺	6	
2	工程量计算规则	要求掌握工程量的计算规则，并能正确计算工程量	6	
3	定额套用	能选择正确的定额套用方式、套取定额数量	6	
4	算分项直接费	能正确计算出工程直接费	6	
5	团队合作	能有良好的团队精神、分工明确	6	

任务2　花岗岩面层台阶工程直接费的确定

学习目标

(1)能正确识别花岗岩面层台阶施工图样。

(2)懂建筑装饰材料、花岗岩面层台阶装饰施工工艺和工序。

(3)能按块料台阶工程量的计算规则进行工程量计算。

(4)能根据定额标准进行定额套用。

(5)能汇总出花岗岩面层台阶分项工程的直接费。

任务描述

本任务主要是学习花岗岩面层台阶工程的直接费计算，要求学生根据任务中给出的花岗岩面层台阶工程的标准施工图样(图1-3)，根据《浙江省建筑工程预算定额》中的工程量计算规则汇总出工程量标准(表1-6)，根据《浙江省建筑工程预算定额》(表1-7)直接查出或换算出定额单价，最终计算出此分项工程的直接费(表1-8)。

任务实施

一、识读施工图样

(1)台阶连接平台、两级台阶。

(2)平台宽 1330 mm，长 2100 mm。

(3)台阶踏步宽 300 mm，长 2100 mm。

(4)台阶踏步高 150 mm。

(5)台阶及平台均为花岗岩面层。

(6)面层无打蜡、踢脚暂不考虑。

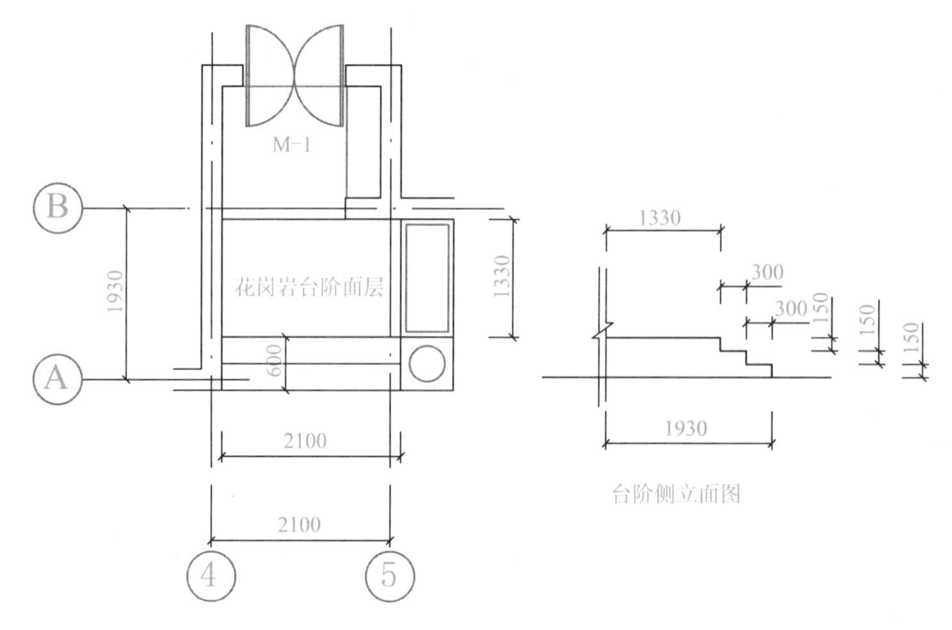

图 1-3　某叠加房台阶平、侧面图

二、确定施工内容

花岗岩面层台阶工程的施工内容：清扫整理基层地面→调制水泥砂浆→刷素水泥砂浆→定标高、弹线→选料、锯板→板材浸水湿润→安装标准块→铺贴石材→灌缝→清洁→养护。

三、确定计量顺序及计量单位

1. 确定工程量的顺序

本地面施工图样按照定额顺序计算。

2. 确定工程量的计量单位

本地面以公制度量来计算面积，用 m^2 作为计量单位。

四、进行工程量的计算

1. 根据《浙江省建筑工程预算定额》第十章地面工程的工程量计算规则十列算式

十、块料面层台阶工程量按设计图示尺寸以展开面积计算，整体面层台阶、看台按水平投影面积计算。如与平台相连时，平台面积在 10 m^2 以内按台阶计算；平台面积在 10 m^2 以上时，台阶算至最上层踏步边沿加 300 mm，平台按楼地面工程计算套用相应定额。

解析：

步骤一，算出平台面积是否大于 10 m^2。

$$平台面积\ S_{平}=平台宽\times平台长=1.33\ m\times2.10\ m=2.79\ m^2<10\ m^2$$

则平台面积计入台阶面积。

步骤二，计算台阶的面积。

因为是块料面层，故应按展开面积计算，那么，

$$台阶面积\ S_{台}=台阶展开宽\times台阶长=(0.30\ m\times2+0.15\ m\times3)\times2.10\ m=2.21\ m^2$$

步骤三，算出台阶工程量为 2.79 m^2 + 2.21 m^2 = 5.00 m^2。

2. 计算工程量的精度

本台阶面层采用的是花岗岩，属于一般要求，其工程量的精度按四舍五入原则，保留 2 位小数。

3. 把计算过程及结果以表格形式体现

计算过程及结果见表 1-6。

表 1-6　工程量计算表

序号	定额编号	分项工程名称	计算式	单位	工程量
1		花岗岩台阶	1.33×2.10+(0.30×2+0.15×3)×2.10=	m^2	5.00

五、套用定额单价

1. 选择合适的定额的套用方式

根据装饰企业施工技术，本施工图样的分项工程工作内容与所套用的相应定额规定

的工程内容是相符的，则可直接套用相应定额项目。

2. 查定额编号、确定定额单价

根据表 1-7，查得定额编号 10－119，花岗岩台阶面对应定额基价为 19100 元/100 m^2，可以确定定额单价是 191.00 元/m^2。

表 1-7　台阶、看台及其他装饰

工作内容：清理基层、调制水泥砂浆、刷素水泥砂浆、锯板、贴面层、擦缝、清理净面　　计量单位：100 m^2

定额编号				10－118	10－119	10－120	10－121
项目				大理石台阶面	花岗岩台阶面	缸砖台阶面	地砖台阶面
基价/元				14970	19100	4294	5196
其中	人工费/元			2018.00	2068.50	1760.50	2207.50
	材料费/元			12922.55	17002.55	2504.41	2959.30
	机械费/元			29.29	29.29	29.29	29.29
名称		单位	单价/元	消耗量			
人工	三类人工	工日	50.00	40.360	41.370	35.210	44.150
材料	大理石板	m^2	120.00	102.000	—	—	—
	花岗岩板	m^2	160.00	—	102.000	—	—
	缸砖 152×152	m^2	18.10	—	—	103.000	—
	地砖 200×200	m^2	22.57	—	—	—	103.000
	水泥砂浆 1∶2	m^3	228.22	2.300	2.300	2.300	2.300
	白水泥	kg	0.60	10.000	10.000	10.000	10.000
	水	m^3	2.95	4.010	4.010	4.010	4.010
	纯水泥浆	m^3	417.35	0.165	0.165	0.165	0.165
	石料切割锯片	片	31.30	0.350	0.350	0.350	0.350
	其他材料	元	1.00	60.000	60.000	19.120	13.600
机械	灰浆搅拌机 200 L	台班	58.57	0.500	0.500	0.500	0.500

六、确定花岗岩面层台阶工程直接费

1. 确定分项工程直接费

直接费可根据工程量和定额基价计算。其计算方法见下式：

分项工程直接费＝分项工程量×单位产品定额基价

根据以上公式，

花岗岩面层台阶的直接费＝5.00 m^2×191.00 元/m^2＝955.00 元

2. 以预算表格的形式表达

预算表格见表1-8。

表1-8　工程预算表

工程名称：××小区×幢×单元×室

<table>
<tr><td colspan="11">××建筑装饰设计工程有限公司</td></tr>
<tr><td colspan="11">工程预(决)算清单</td></tr>
<tr><td colspan="7">项目名称：×先生/女士公寓　客户电话：××××-×××××××××</td><td colspan="4">公司电话：
××××年×月×日　共×页</td></tr>
<tr><td rowspan="2">序号</td><td rowspan="2">定额编号</td><td rowspan="2">项目名称</td><td colspan="4">工程造价</td><td colspan="3">其中(单价)</td><td></td></tr>
<tr><td>单位</td><td>数量</td><td>单价</td><td>合价</td><td>材料</td><td>人工</td><td>机械</td><td>备注</td></tr>
<tr><td>一</td><td></td><td>地面工程</td><td></td><td></td><td></td><td></td><td></td><td></td><td></td><td></td></tr>
<tr><td>1</td><td>10—119</td><td>花岗岩台阶</td><td>m²</td><td>5.00</td><td>191.00</td><td>955.00</td><td></td><td></td><td></td><td></td></tr>
<tr><td></td><td></td><td></td><td></td><td></td><td></td><td></td><td></td><td></td><td></td><td></td></tr>
<tr><td></td><td></td><td>直接费</td><td></td><td></td><td></td><td>955.00</td><td></td><td></td><td></td><td></td></tr>
</table>

知识链接

本任务重点分为两个方面四种情况，分整体面层与块料面层，再根据平台面积是否大于10 m^2 选用不同的计算方法，讲解中以两个方面进行讲解，学生要学会举一反三，根据两个方面列举出另外两种情况。在工作中，实际场景复杂多样，教材只是列举了1～2种常见情况，具体情况不同时应合理调整。

拓展训练

某台阶采用本色水磨石整体面层，其施工工艺内容：清理基层→调制水泥砂浆→弹线→抹面→压光→水磨石磨光→清洗→打蜡。请学生根据前面的任务学习，进行水磨石整体面层台阶直接费的计算。

(1)所给图样如图1-4所示。

(2)要求：分析图样、找出工量计算顺序和计量单位，按《浙江省建筑工程预算定额》的工程量计算规则进行工量计算，列出工量清单表，查《浙江省建筑工程预算定额》确定单价，根据要求汇总水磨石台阶直接费，列出预算表。

(3)评价：以小组为单位进行评价，5～8人为一个小组，按新任务中所列的要求一一完成，完成后利用分值标准评出优秀、良好、一般等品质。评价标准见表1-9。

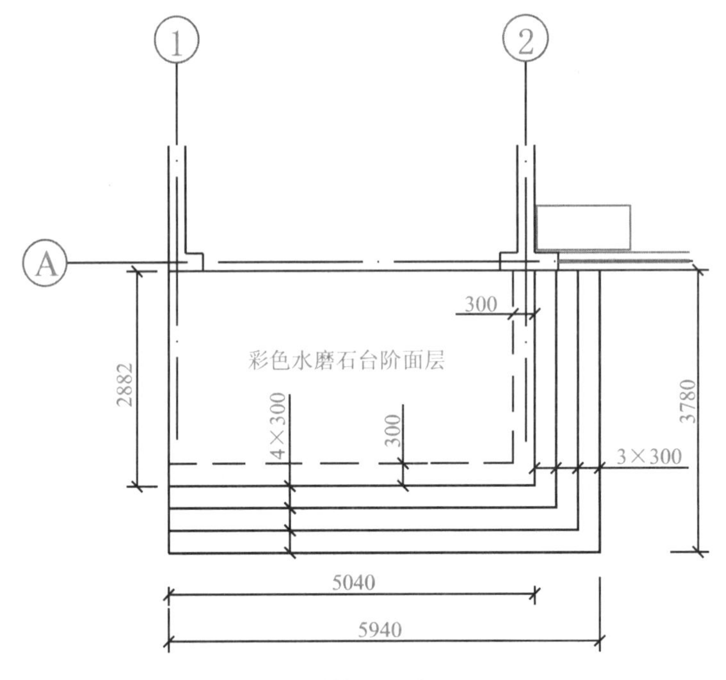

图 1-4　水磨石台阶平面图

表 1-9　评价标准表

项次	项目任务	评价标准	分值	项目得分
1	识别图样能力	要准确识别尺寸、单位、装饰构造、装饰材料、施工工艺	6	
2	计量顺序与单位	能合理确定施工顺序与计量单位	6	
3	工程量计算规则	要求掌握工程量的计算规则，并能正确计算工程量	6	
4	定额套用	能选择正确的定额套用方式、套取定额数量	6	
5	算分项直接费	能根据“两量”正确算出直接费	6	

任务 3　水泥砂浆整体面层地面工程直接费的确定

学习目标

(1)能正确识别水泥砂浆面层地面施工图样。

(2)懂建筑装饰材料、水泥砂浆面层地面装饰施工工艺和工序。

(3)能按整体面层地面工程量的计算规则进行工程量计算。

(4)能根据定额标准进行定额套用。

(5)能汇总出水泥砂浆面层地面分项工程的直接费。

任务描述

本任务主要是学习水泥砂浆面层地面工程的直接费计算，要求学生根据任务中给出的水泥砂浆整体面层地面工程的标准施工图样(图 1-5)，根据《浙江省建筑工程预算定额》中的工程量计算规则汇总出的工程量标准(表 1-10)，根据《浙江省建筑工程预算定额》(表 1-11)直接查出或换算出定额单价，最终计算出此分项工程的直接费用(表 1-12)。

任务实施

一、识读施工图样

(1)墙体厚度为 240 mm。

(2)图样中轴线中心线 A 与 D 的间距为 6700 mm，轴线中心线 1 与 2 的间距为 3600 mm。

(3)室内有长 3360 mm，宽 630 mm 凸出地面的构筑物。

(4)有个门洞，宽 240 mm，长 920 mm。

(5)根据施工图样内容读懂地面是水泥砂浆面层，厚 25 mm。

(6)水泥砂浆的标号为 1∶2。

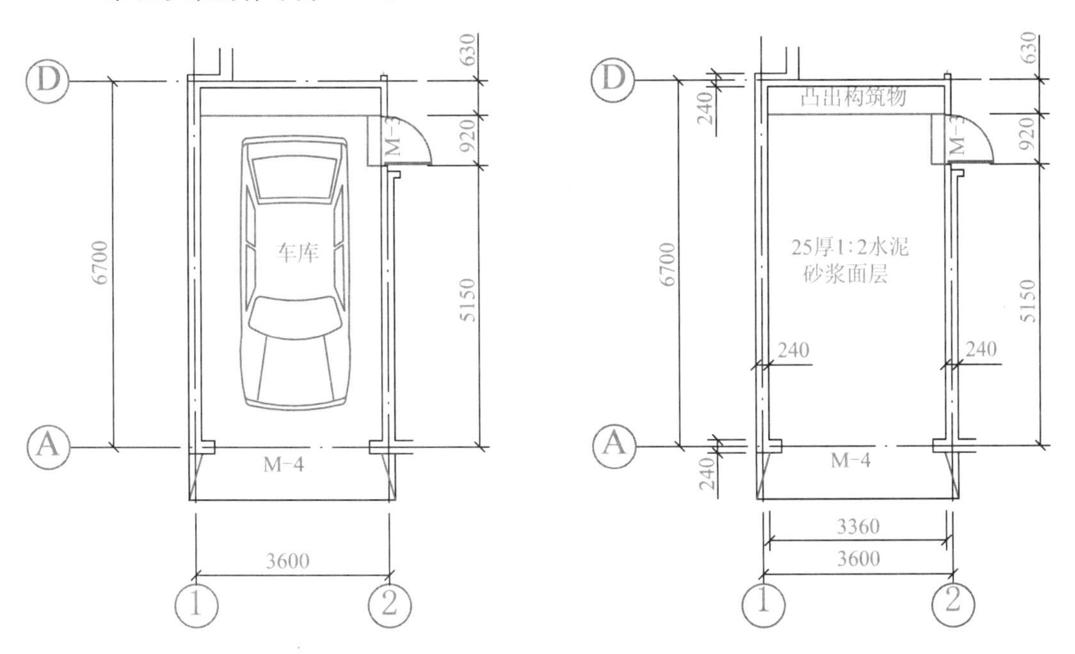

图 1-5　某叠加房汽车车库平面图

二、确定施工内容

水泥砂浆地面的施工内容：基层清理→找标高、弹线→洒水湿润→调运水泥砂浆→抹水泥砂浆结合层→抹水泥砂浆面层→分三遍压光→养护。

三、确定计量顺序及计量单位

1. 确定工程量的顺序

本地面施工图样属于不同分项的情况，对于初学预算的学生来说按照定额顺序计算较合适，即在计算工程量时，哪项分项工程在定额中排在前面，就先计算哪项的工程量。

按照这种方法计算工程量，可以避免重算和漏算，这是目前常用的一种方法。

对于不同工程的情况，采取不同的计算顺序。

2. 确定工程量的计量单位

从本施工图看出，地面以公制度量来计算面积，按照定额计量单位标准，面积采用 m^2 作为计量单位。

四、进行工程量的计算

1. 根据《浙江省建筑工程预算定额》第十章楼地面工程的工程量计算规则一列算式

一、整体面层楼地面按设计图示尺寸以面积计算，应扣除凸出地面的构筑物、设备基础、室内管道、地沟等所占的面积，不扣除间壁墙及 0.3 m^2 以内柱、垛、附墙烟囱及孔洞所占面积，但门洞、空圈的开口部分也不增加。所谓间壁墙，指在地面面层做好后再进行施工的墙体。

解析：

步骤一，按图示尺寸以面积计算。

地面的总面积 $S_{总}$ ＝墙 A、D 净长×墙 1、2 净长

$$=(6.70-0.24)\text{m}\times(3.60-0.24)\text{m}=21.71\ \text{m}^2$$

步骤二，扣除室内凸出构筑物所占的面积。

地面净空面积 $S_{净}$ ＝地面总面积－地面凸出构筑物面积

$$=21.71\ \text{m}^2-3.36\ \text{m}\times0.63\ \text{m}=19.59\ \text{m}^2$$

步骤三，得出地面工程量为 19.59 m^2。

2. 计算工程量的精度

本地面采用的是水泥砂浆地面，不是粉刷也不是金属类，属于一般要求，其工程量的精度按四舍五入原则，保留 2 位小数。

3. 把计算过程及结果以表格形式体现

计算过程及结果见表1-10。

表1-10　工程量计算表

序号	定额编号	分项工程名称	计算式	单位	工程量
1		水泥砂浆地面	(6.70－0.24)×(3.60－0.24)－3.36×0.63＝	m^2	19.59

五、套用定额单价

1. 选择合适的定额的套用方式

根据装饰企业施工技术，本施工图样的分项工程工作内容与所套用的相应定额规定的工程内容是相符的，则可直接套用相应定额项目。

2. 根据《浙江省建筑工程预算定额》第十章楼地面工程的说明二确定定额单价

二、整体面层设计厚度与定额不同时，根据厚度每增减子目按比例调整。

解析：

步骤一，本地面的砂浆厚度是25 mm，而定额中规定是20 mm，所以要进行价格调整。

步骤二，查水泥砂浆的定额编号和定额单价。

根据表1-11，查得定额编号10－3，20 mm厚水泥砂浆楼地面对应定额基价为999元/100 m^2；定额编号10－4，每增减5对应定额基价为155元/100 m^2。

步骤三，确定调整后的单价。地面实际厚度是25 mm，定额是20 mm，按增减项进行调整，那么，

调整后基价＝原始基价＋增减项基价×(实际厚度－定额厚度)/增减值

＝999元＋155元×(25 mm－20 mm)/5 mm＝1154元(/100 m^2)

所以调整后的新基价是1154元/100 m^2，可以确定定额单价是11.54元/m^2。

表1-11　整体面层——水泥砂浆

工作内容：清理基层，调运砂浆、水泥砂浆抹面、压光、养护　　　　计量单位：100 m^2

定额编号		10－1	10－2	10－3	10－4
项目		水泥砂浆找平层		水泥砂浆楼地面	
		20厚	每增减5	20厚	每增减5
基价/元		781	139	999	155
其中	人工费/元	325.00	35.00	430.00	35.00
	材料费/元	438.08	99.52	551.71	116.39
	机械费/元	17.57	4.10	17.57	4.10

续表

名称		单位	单价/元	消耗量			
人工	三类人工	工日	50.00	6.500	0.700	8.600	0.700
材料	水泥砂浆 1∶2	m^3	228.22	—	—	2.020	0.510
	水泥砂浆 1∶3	m^3	195.13	2.020	0.510	—	—
	纯水泥浆	m^3	417.35	0.100	—	0.100	—
	水	m^3	2.95	0.600	—	4.000	—
	聚乙烯薄膜	m^2	0.35	—	—	105.000	—
机械	灰浆搅拌机 200 L	台班	58.57	0.300	0.070	0.300	0.070

六、确定水泥砂浆楼地面工程直接费

1. 确定分项工程直接费

直接费可根据工程量和定额基价计算。其计算方法见下式：

分项工程直接费＝分项工程量×单位产品定额基价

根据以上公式，

水泥砂浆地面的直接费＝19.59 m^2×11.54 元/m^2＝226.07 元

2. 以预算表格的形式表达

预算表格见表 1-12。

表 1-12　工程预算表

工程名称：××小区×幢×单元×室

××建筑装饰设计工程有限公司										
工程预(决)算清单										
项目名称：×先生/女士公寓　客户电话：××××-××××××××							公司电话： ××××年×月×日　共×页			
序号	定额编号	项目名称	工程造价				其中(单价)			
			单位	数量	单价	合价	材料	人工	机械	备注
一		地面工程								
1	10－3 10－4	水泥砂浆楼地面	m^2	19.59	11.54	226.07				按增减项调整
		直接费				226.07				

知识链接

本任务主要掌握哪些应该扣除，哪些应该增加。抹灰类属于整体类地面，由于施工工艺简单、价格实惠，所以在计算工量时相应比较宽松。为了计算效率，能不扣则不扣、能不增加就不增加，简化了很多不必要的烦琐计算，这样既节时也不影响总价。

拓展训练

有一房间，地面采用水磨石整体地面，其施工工艺内容：清理基层→找标高、弹水平线、分格线→镶分格条→刷纯水泥浆结合层→调配石子浆→找平抹面→滚压、抹平→三遍打磨→草酸清洗→打蜡上光。地面设计有图案，嵌铜分格条。请学生根据前面的任务学习，进行水磨石整体面层地面直接费的计算。

(1)所给图样如图1-6所示。

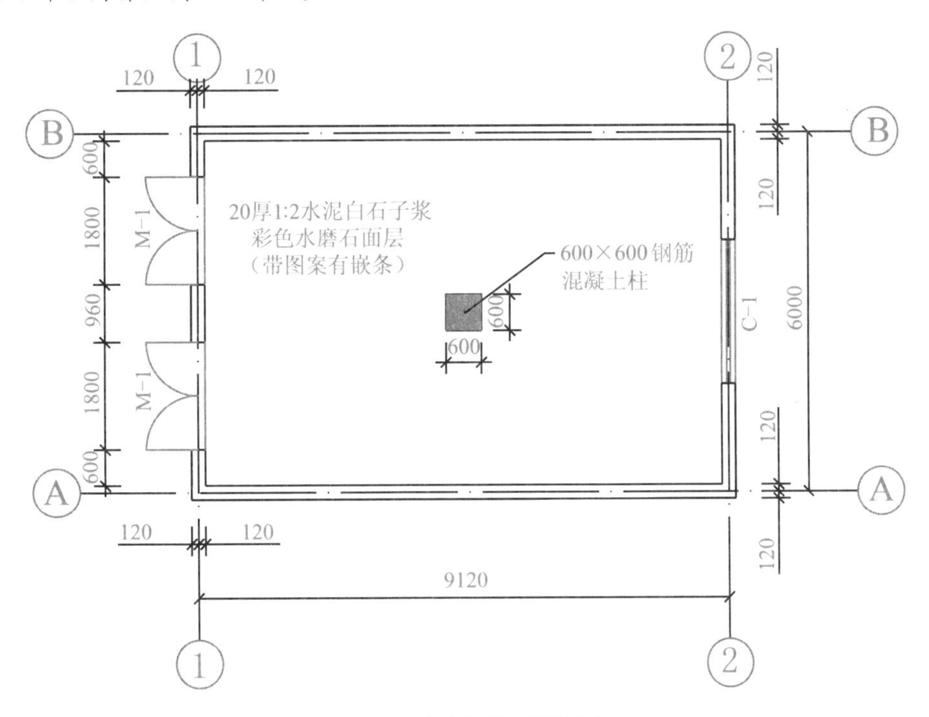

图1-6　水磨石地面平面图

(2)要求：分析图样、找出工量计算顺序和计量单位，按《浙江省建筑工程预算定额》第十章的工程量计算规则进行工量计算，列出工量清单表，查《浙江省建筑工程预算定额》确定单价，根据要求汇总出水磨石直接费，列出预算表。

(3)评价：以小组为单位进行评价，5～8人为一个小组，按新任务中所列的要求一一完成，完成后利用分值标准评出优秀、良好、一般等品质。评价标准见表1-13。

表 1-13 评价标准表

项次	项目任务	评价标准	分值	项目得分
1	识别图样能力	要准确识别尺寸、单位、装饰构造、装饰材料、施工工艺	5	
2	计量顺序与单位	能合理确定施工顺序与计量单位	4	
3	工程量计算规则	要求掌握工程量的计算规则，并能正确计算工程量	6	
4	定额套用	能选择正确的定额套用方式、套取定额数量	4	
5	进行价格调整	能根据定额说明部分及实际情况进行价格调整	6	
6	算分项直接费	能根据“两量”正确算出直接费	5	

任务 4 抛光砖块料面层地面工程直接费的确定

学习目标

(1)能正确识别抛光砖面层地面施工图样。

(2)懂建筑装饰材料、抛光砖面层地面装饰施工工艺和工序。

(3)能按块料面层地面工程量的计算规则进行工程量计算。

(4)能根据定额标准进行定额套用。

(5)能汇总出抛光砖面层地面分项工程的直接费。

任务描述

本任务主要是学习抛光砖面层地面工程的直接费计算，要求学生根据任务中给出的抛光砖块料面层地面工程的标准施工图样(图 1-7)，根据《浙江省建筑工程预算定额》中的工程量计算规则汇总出工程量标准(表 1-14)，根据《浙江省建筑工程预算定额》(表 1-15)直接查出或换算出定额单价，最终计算出此分项工程的直接费用(表 1-16)。

任务实施

一、识读施工图样

(1)墙体厚度为 240 mm。

(2)图样中轴线中心线 C 与 F 的间距为 5520 mm，轴线中心线 5 与 7 的间距为 7500 mm。

(3)室内有长 2640 mm，宽 600 mm 的凹入处。

(4)客厅地面和入口地面高差 150 mm。

(5)抛光砖规格 800 mm×800 mm，周长>2400 mm。

(6)水泥砂浆配合比1∶3。

(7)密缝铺贴。

二、确定施工内容

抛光砖块料地面的施工内容：基层处理→找标高、试排弹线→铺找平层→弹铺砖控制线→选砖→浸砖、锯板修边→铺砖→勾缝、擦缝→清洁、养护。

三、确定计量顺序及计量单位

1. 确定工程量的顺序

本地面施工图样按照定额顺序计算。

2. 确定工程量的计量单位

本地面以公制度量来计算面积，用 m^2 作为计量单位。

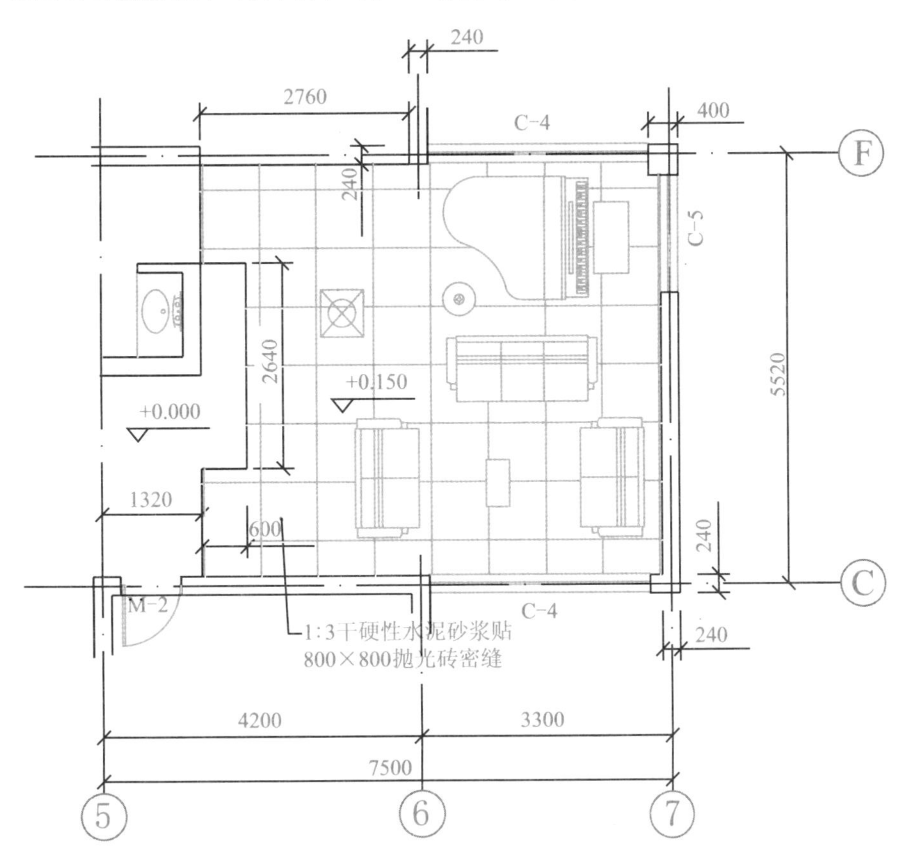

图1-7　某叠加房客厅平面布置图

四、进行工程量的计算

1. 根据《浙江省建筑工程预算定额》第十章楼地面工程的工程量计算规则二列算式

二、块料、橡胶及其他材料等面层楼地面按设计图示尺寸以“m^2”计算，门洞、空圈的开口部分工程量并入相应面层内计算，不扣除点缀所占的面积，点缀按个计算。

解析：

步骤一，按图示尺寸以面积计算。

地面的总面积 $S_{总}$ = 墙 5、7 净长×墙 C、F 净长

$= (7.50-1.32-0.12)m\times(5.52-0.24)m=32.00\ m^2$

步骤二，扣除室内凹入部分的面积。

地面净空面积 $S_{净}$ = 地面总面积－地面凹入处的面积 $=32.00\ m^2-2.64\ m\times0.60\ m=30.42\ m^2$

步骤三，得出地面工程量为 $30.42\ m^2$。

2. 计算工程量的精度

本地面采用的是抛光砖地面，属于一般要求，其工程量的精度按四舍五入原则，保留 2 位小数。

3. 把计算过程及结果以表格形式体现

计算过程及结果见表 1-14。

表 1-14　工程量计算表

序号	定额编号	分项工程名称	计算式	单位	工程量
1		抛光砖地面	(7.50－1.32－0.12)×(5.52－0.24)－2.64×0.60＝	m^2	30.42

五、套用定额单价

1. 选择合适的定额的套用方式

根据装饰企业施工技术，本施工图样的分项工程工作内容与所套用的相应定额规定的工程内容是不相符的，则套用换算后的定额单价，并在定额编号前加“换”字。

2. 根据《浙江省建筑工程预算定额》第十章楼地面工程的说明五确定定额单价

五、块料面层结合砂浆如采用干硬性水泥砂浆的，除材料单价换算外，人工乘系数 0.85。

解析：

步骤一，本地面采用 1∶3 干硬性水泥砂浆，而定额中是 1∶3 水泥砂浆，所以要进行

价格换算。

步骤二，查1∶3水泥砂浆铺地砖的定额编号和定额单价。

地砖周长3200 mm>2400 mm，根据表1-15，查得定额编号10－32，地砖楼地面对应定额基价为11679元/100 m^2，其中人工费为1442.00元/100 m^2。

步骤三，确定换算后的单价。

1∶3水泥砂浆的单价是195.13元/m^3，消耗量是2.04 m^3，根据《浙江省建筑工程预算定额》下册的P_{357}附表四查得1∶3干硬水泥砂浆199.35元/m^3，那么只需要在原有基价的基础上把水泥砂浆价格扣除，把干硬水泥砂浆加进来就可以了。式子如下：

换算后新基价＝原始基价＋(干硬性水泥砂浆单价－定额水泥砂浆单价)×消耗量

＝11679元＋(199.35－195.13)元/m^3×2.04 m^3＝11687.61元(/100 m^2)

步骤四，价格调整。

根据说明人工要乘系数0.85，那么，

调整后的基价＝换算后新基价－原人工费＋原人工费×0.85

＝11687.61元/100 m^2－(1－0.85)×1442.00元/100 m^2

＝11417.31元/100 m^2

所以调整后的新基价是11417.31元/100 m^2，可以确定定额单价是114.17元/m^2。

表1-15　石材、块料面层——地砖

工作内容：清理基层、试排弹线、锯板修边、铺贴饰面、清理净面　　　　计量单位：100 m^2

定额编号				10－31	10－32
项　目				地砖楼地面(周长mm以内)密缝	
				2400	2400以上
基价/元				9686	11679
其中	人工费/元			1423.50	1442.00
	材料费/元			8223.70	10197.98
	机械费/元			38.98	38.98
名称		单位	单价/元	消耗量	
人工	三类人工	工日	50.00	28.470	28.840
材料	地砖 600×600	m^2	75.24	103.000	—
	地砖 800×800	m^2	93.50	—	104.000
	水泥砂浆 1∶3	m^3	195.13	2.040	2.040
	纯水泥浆	m^3	417.35	0.101	0.101
	白水泥	kg	0.60	10.000	10.000
	水	m^3	2.95	2.600	2.600
	棉纱	kg	11.02	1.000	1.000
	石料切割锯片	片	31.30	0.290	0.290
机械	灰浆搅拌机 200 L	台班	58.57	0.350	0.350
	石料切割机	台班	18.48	1.000	1.000

六、确定地砖楼地面工程直接费

1. 确定分项工程直接费

直接费可根据工程量和定额基价计算。其计算方法见下式：

分项工程直接费=分项工程量×单位产品定额基价。

根据以上公式，

地砖地面的直接费$=30.42\ \text{m}^2\times114.17$ 元$/\text{m}^2=3473.05$ 元

2. 以预算表格的形式表达

预算表格见表 1-16。

表 1-16　工程预算表

工程名称：××小区×幢×单元×室

<table>
<tr><td colspan="11">××建筑装饰设计工程有限公司</td></tr>
<tr><td colspan="11">工程预(决)算清单</td></tr>
<tr><td colspan="7">项目名称：×先生/女士公寓　客户电话：××××-×××××××××</td><td colspan="4">公司电话：
××××年×月×日　共×页</td></tr>
<tr><td rowspan="2">序号</td><td rowspan="2">定额编号</td><td rowspan="2">项目名称</td><td colspan="4">工程造价</td><td colspan="3">其中(单价)</td><td></td></tr>
<tr><td>单位</td><td>数量</td><td>单价</td><td>合价</td><td>材料</td><td>人工</td><td>机械</td><td>备注</td></tr>
<tr><td>一</td><td></td><td>地面工程</td><td></td><td></td><td></td><td></td><td></td><td></td><td></td><td></td></tr>
<tr><td>1</td><td>换 10－32</td><td>地砖楼地面</td><td>m²</td><td>30.42</td><td>114.17</td><td>3473.05</td><td></td><td></td><td></td><td>人工费调整</td></tr>
<tr><td></td><td></td><td></td><td></td><td></td><td></td><td></td><td></td><td></td><td></td><td></td></tr>
<tr><td></td><td></td><td>直接费</td><td></td><td></td><td></td><td>3473.05</td><td></td><td></td><td></td><td></td></tr>
</table>

知识链接

此任务是块料面层，块料面层施工相对整体面层有些烦琐，且价格比整体面层贵，计算式通常以实际铺装的面积计算，在块料进行运输、搬运、切割与施工中会有损耗发生，根据规格不同损耗的量也不相同，所以在计算中一般比较精细，也就是消耗多少就要算多少，用量比基体面积要多。

拓展训练

某地面采用 1∶2.5 水泥砂浆铺贴花岗岩地面，其施工工艺内容：清理基层→调制水泥砂浆→弹线→选材锯板修边→石材保护处理→铺贴→擦缝→石材打蜡。请学生根据前面的任务学习，进行花岗岩地面直接费的计算。

(1)所给图样如图1-8所示。

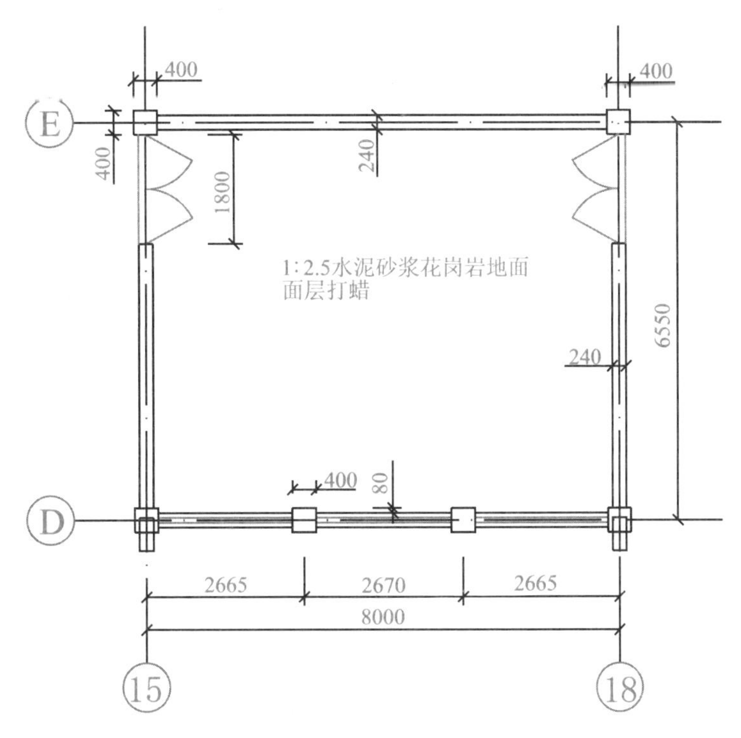

图1-8　花岗岩地面平面图

(2)要求：分析图样、找出工量计算顺序和计量单位，按《浙江省建筑工程预算定额》的工程量计算规则进行工量计算，列出工量清单表，查《浙江省建筑工程预算定额》确定单价，根据要求汇总出花岗岩地面直接费，列出预算表。

(3)评价：以小组为单位进行评价，5～8人为一个小组，按所列的要求一一完成，完成后利用分值标准评出优秀、良好、一般等品质。评价标准见表1-17。

表1-17　评价标准表

项次	项目任务	评价标准	分值	项目得分
1	识别图纸能力	要准确识别尺寸、单位、装饰构造、装饰材料、施工工艺	6	
2	计量顺序与单位	能合理确定施工顺序与计量单位	6	
3	工程量计算规则	要求掌握工程量的计算规则，并能正确计算工程量	6	
4	定额套用	能选择正确的定额套用方式、套取定额数量	6	
5	算分项直接费	能根据“两量”正确算出直接费	6	

任务5 实木地板面层地面工程直接费的确定

学习目标

(1)能正确识别实木地板面层地面施工图样。

(2)懂建筑装饰材料、实木地板面层地面装饰施工工艺和工序。

(3)能按其他材料类面层地面工程量的计算规则进行工程量计算。

(4)能根据定额标准进行定额套用。

(5)能汇总出实木地板面层地面分项工程的直接费。

任务描述

本任务主要是学习实木地板面层地面工程的直接费计算，要求学生根据任务中给出的实木地板面层地面工程的标准施工图样(图1-9)，根据《浙江省建筑工程预算定额》中的工程量计算规则汇总出工程量标准(表1-18)，根据《浙江省建筑工程预算定额》(表1-19)直接查出或换算出定额单价，最终计算出此分项工程的直接费用(表1-20)。

任务实施

一、识读施工图样

(1)墙体厚度为240 mm，局部墙体厚度为120 mm。

(2)图样中轴线中心线B与D的间距为4770 mm，轴线中心线1与2的间距为3600 mm。

(3)室内有入口，门洞宽900 mm，阳台门洞宽2400 mm。

(4)主材长条硬木企口实木地板。

(5)辅料木龙骨规格为30 mm×40 mm，间距为400 mm。

(6)缅甸柚宽板实木地板，市场价为478元/m^2。

(7)采用实铺式做法。

二、确定施工内容

实木地板楼地面的施工内容：基层处理→弹线→钻孔安装预埋件→地面防潮防水处理→安装木龙骨→找平、刨平→钉木地板、找平、刨平→装踢脚板→刨光、打磨→油漆→上蜡→养护。

三、确定计量顺序及计量单位

1. 确定工程量的顺序

本地面施工图样按照定额顺序计算。

2. 确定工程量的计量单位

本地面以公制度量来计算面积，用 m^2 作为计量单位。

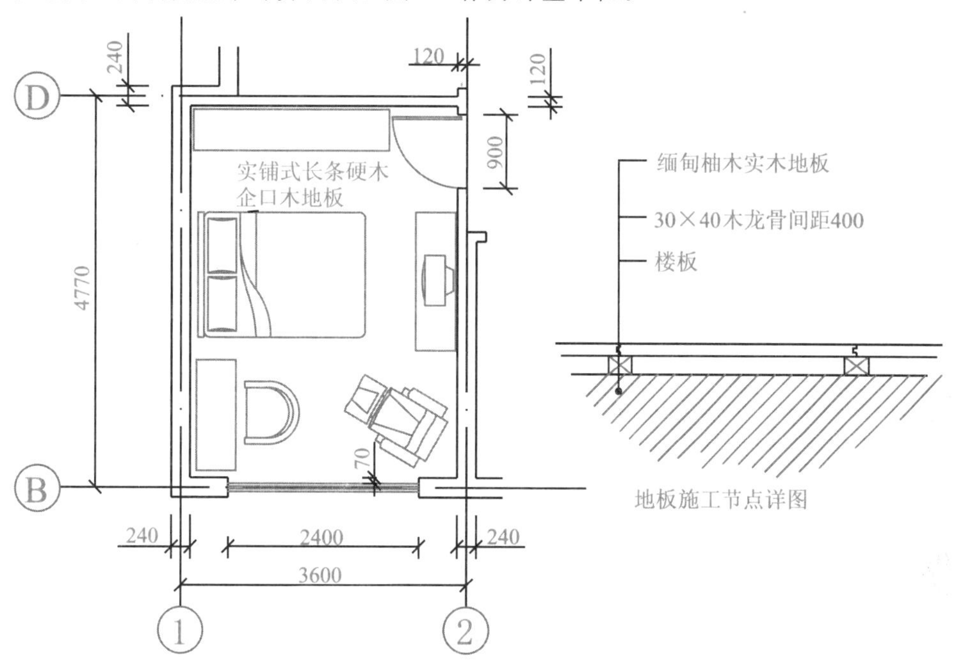

图 1-9　某叠加房卧室平面布置图

四、进行工程量的计算

1. 根据《浙江省建筑工程预算定额》第十章楼地面工程的工程量计算规则二列算式

二、块料、橡胶及其他材料等面层楼地面按设计图示尺寸以"m^2"计算，门洞、空圈的开口部分工程量并入相应面层的计算，不扣除点缀所占面积，点缀按个计算。

解析：

步骤一，按图示尺寸以面积计算。

地面总面积 $S_{总}$ = 墙 1、2 净长 × 墙 B、D 净长

$=(3.60-0.24)\text{m}\times(4.77-0.24)\text{m}=15.22\ \text{m}^2$

步骤二，并入门洞开口地面面积。

地面净空面积 $S_{净}$ = 地面总面积 + 门洞开口面积

$=15.22\ \text{m}^2+2.40\times0.07\ \text{m}+0.90\times0.12\ \text{m}=15.50\ \text{m}^2$

步骤三，得出地面工程量为 15.50 m^2。

2. 计算工程量的精度

本地面采用的是实木地板地面，属于一般要求，其工程量的精度按四舍五入原则，保留 2 位小数。

3. 把计算过程及结果以表格形式体现

计算过程及结果见表 1-18。

表 1-18 工程量计算表

序号	定额编号	分项工程名称	计算式	单位	工程量
1		实木地板地面	(3.60－0.24)×(4.77－0.24)＋2.40×0.07＋0.90×0.12＝	m^2	15.50

五、套用定额单价

1. 选择合适的定额的套用方式

根据图中材料的标注情况，可知材料为缅甸柚木，其价格不能依据定额价格，要进行价格换算，则套用换算后的定额单价，并在定额编号前加“换”字。

2. 确定定额单价

根据目前市场情况，与业主协商，暂定缅甸柚木地板市场价为 478 元/m^2。

解析：

步骤一，根据图样及施工内容可知，地板暂定缅甸柚木，市场价和定额价不同，要进行差价换算。

步骤二，确定换算后的单价。地板为长条硬木地板楼地面、企口、铺在木楞上，根据表 1-19，查得定额编号 10－52，地板地面对应定额基价为 23519 元/100 m^2，其中长条实木地板价格为 200.00 元/m^2，消耗量为 105 m^2；只需要在原有基价的基础上把地板定额价格扣除，把市场价格加进来。公式如下：

换算后新基价＝原始基价＋(木地板市场单价－木地板定额单价)×消耗量

＝23519 元＋(478.00－200.00)元/m^2×105.00 m^2＝52709.00 元(/100 m^2)

所以调整后的新基价是 52709.00 元/100 m^2，可以确定定额单价是 527.09 元/m^2。

表 1-19　其他材料面层——木地板楼地面

工作内容：1. 制作安装木龙骨、毛地板、安装硬木地板、净面

2. 板底木材面涂防腐剂

计量单位：100 m²

定额编号				10—52	10—53	10—54	10—55
项　目				硬木长条地板楼地面		硬木拼花楼地面	
				企口		粘在水泥楼地面上	铺在细木工板上
				铺在木楞上	铺在细木工板上		
基价/元				23519	26550	11877	14389
其中	人工费/元			1696.50	2002.50	2156.00	2452.00
	材料费/元			21816.10	24541.78	9714.62	11930.76
	机械费/元			6.09	6.09	6.09	6.09
名称		单位	单价/元	消耗量			
人工	三类人工	工日	50.00	33.930	40.050	43.120	49.040
材料	杉木枋 30×40	m³	1450.00	0.378	0.378	—	0.378
	长条实木地板	m²	200.00	105.000	105.000	—	—
	实木地板砖	m²	80.00	—	—	105.000	105.000
	细木工板 2440×1220×15	m²	25.19	—	105.00	—	105.00
	地板钉	kg	5.00	15.870	26.780	—	26.780
	镀锌铁丝 1#	kg	4.80	30.150	30.130	—	30.130
	防腐油	kg	1.60	12.000	28.420	—	28.420
	棉纱	kg	11.02	1.000	1.000	1.000	—
	胶粘剂 XY401	kg	18.45	—	—	70.000	—
	水	m³	2.95	—	—	1.200	—
	其他材料费	元	1.00	13.710	13.710	8.560	13.710
机械	木工圆锯机 φ500	台班	25.38	0.240	0.240	0.240	0.240

六、确定实木地板楼地面工程直接费

1. 确定分项工程直接费

直接费可根据工程量和定额基价计算。其计算方法见下式：

分项工程直接费＝分项工程量×单位产品定额基价

根据以上公式，

实木地板楼地面的直接费＝15.50 m²×527.09 元/m²＝8169.90 元

2. 以预算表格的形式表达

预算表格见表 1-20。

表 1-20 工程预算表

工程名称：××小区×幢×单元×室

××建筑装饰设计工程有限公司										
工程预(决)算清单										
项目名称：×先生/女士公寓　客户电话：××××-×××××××××							公司电话： ××××年×月×日　共×页			
序号	定额编号	项目名称	工程造价				其中(单价)			
			单位	数量	单价	合价	材料	人工	机械	备注
一		地面工程								
1	换 10—52	实木地板楼地面	m^2	15.50	527.09	8169.90				材料市场价换算
		直接费				8169.90				

知识链接

木地板是目前地面装修中较为常见的高档材料，铺装方法很多，市场上有各种品牌，价格也会随市场的情况波动。此任务是最常见的实铺式地面，在计算地板工量时必须熟悉施工工艺，根据不同的铺法采用不同的计算方法，定额中材料价格只是一个参考值，低于或高于市场价格，计价时采用换算法计算。

拓展训练

假设图 1-9 中，采用毛地板做基层，其他相同，铺钉装饰夹板面层踢脚线，高 100 mm，踢脚线施工工艺内容同定额内容，则请学生根据《浙江省建筑工程预算定额》中的说明部分、工程量计算规则进行该地面及踢脚线直接费的计算。

(1)要求：分析图样、找出工量计算顺序和计量单位，按《浙江省建筑工程预算定额》的工程量计算规则进行工量计算，列出工量清单表，查《浙江省建筑工程预算定额》确定单价，根据要求汇总出地面及踢脚线直接费，列出预算表。

(2)评价：以小组为单位进行评价，5～8 人为一个小组，按新任务中所列的要求一一完成，完成后利用分值标准评出优秀、良好、一般等品质。评价标准如表 1-21所示。

表 1-21　评价标准表

项次	项目任务	评价标准	分值	项目得分
1	识别图样能力	要准确识别尺寸、单位、装饰构造、装饰材料、施工工艺	5	
2	计量顺序与单位	能合理确定施工顺序与计量单位	4	
3	工程量计算规则	要求掌握工程量的计算规则，并能正确计算工程量	6	
4	定额套用	能选择正确的定额套用方式、套取定额数量	4	
5	进行价格换算	能根据定额说明部分及实际情况进行价格换算	6	
6	算分项直接费	能根据“两量”正确算出直接费	5	

项目归纳

地面工程一般分为整体面层，石材块料面层，橡塑面层，其他材料面层，踢脚线，楼梯装饰，扶手、栏杆、栏板，台阶、看台及其他装饰，零星装饰等项目。

本分部工程项目通过楼梯装饰、台阶装饰、水泥砂浆面层地面、抛光砖地面、实木地板地面等进行任务的分配与完成，在任务实施的过程中，了解定额的种类，定额的使用；掌握项目划分，费用组成；熟练掌握工程量规则与计算、定额量的确定，定额单价的套用与换算，基价中人工费、材料费、机械费“三量”的关系等。

项目2 墙柱面工程

项目描述

墙面工程一般分为外墙装修与内墙装修，内墙装修工艺多样而复杂，是装修工程中最主要的工程，也是预算中难度较大的工程，学生要根据建筑装饰施工图样的具体内容，参照企业施工技术经济文件、地方定额标准进行该墙面工程的施工图预算。

任务1 外墙装饰抹灰面层工程直接费的确定

学习目标

(1)能正确识别外墙装饰抹灰面层工程施工图样。

(2)懂建筑装饰材料、外墙装饰抹灰面层工程施工工艺和工序。

(3)能按墙面抹灰面层工程量的计算规则进行工程量计算。

(4)能根据定额标准进行定额套用。

(5)能汇总出外墙装饰抹灰面层工程的直接费。

任务描述

本任务主要是学习外墙装饰抹灰面层工程的直接费计算，要求学生根据任务中给出的外墙装饰抹灰面层工程的标准施工图样(图 2-1)，根据《浙江省建筑工程预算定额》中的工程量计算规则，汇总出工程量标准(表 2-1)，根据《浙江省建筑工程预算定额》(表 2-2、表 2-3)直接查出或换算出定额单价，最终计算出此分项工程的直接费(表 2-4)。

任务实施

一、识读施工图样

(1)外墙用斩假石、甩毛抹灰材料，斩假石墙体高 650 mm，甩毛抹灰墙体高 3050 mm。

(2)两个窗洞 2650 mm×1500 mm，1950 mm×900 mm。

(3)墙体厚 240 mm，墙体凹入 600 mm。

(4)抹灰装饰线条 2 条，宽 100 mm，挑出墙 100 mm。

(5)墙 A、G 的间距 14650 mm，A、D 的间距为 6700 mm，D、E 的间距为 2100 mm，E、G 的间距为 5850 mm。

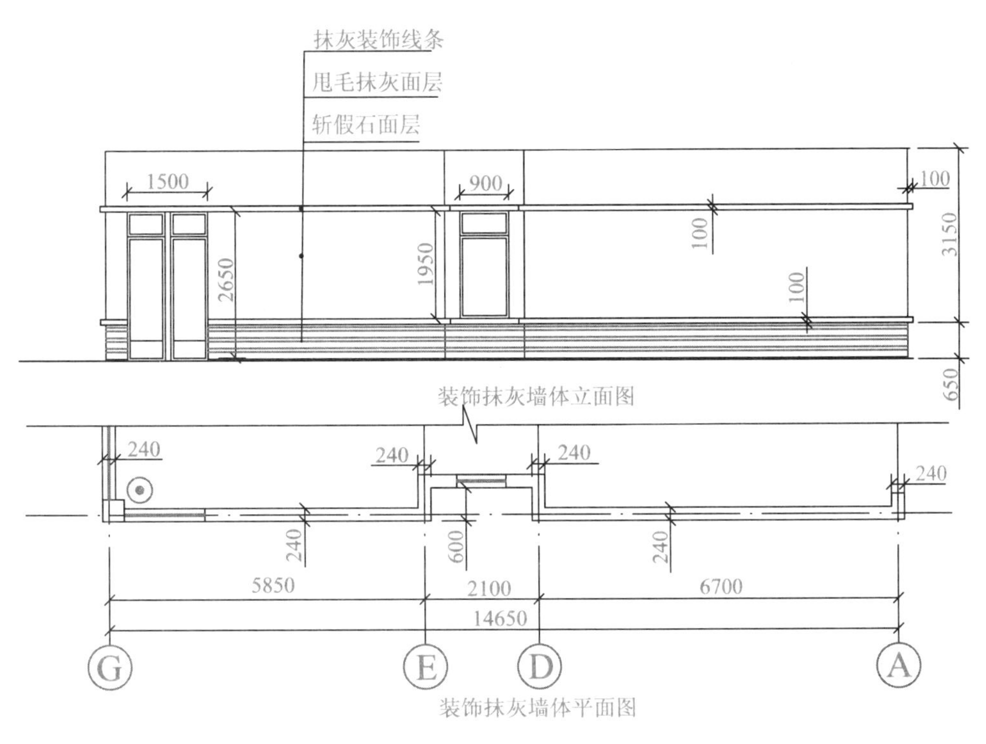

图 2-1　某叠加房外墙抹灰示意图

二、确定施工内容

外墙装饰抹灰的施工内容：基层处理→浇水湿墙→吊直、套方、找规矩→做灰饼(标志块)、冲筋→做踢脚或墙裙→阳角做护角→调运砂浆→分层抹灰→修补孔洞→抹罩面灰→养护、清理。

三、确定计量顺序及计量单位

1. 确定工程量的顺序

本墙面施工图样按照定额顺序计算。

2. 确定工程量的计量单位

本墙面以公制度量来计算面积与长度，分别用 m^2、m 作为计量单位。

四、进行工程量的计算

1. 根据《浙江省建筑工程预算定额》第十一章墙柱面工程的工程量计算规则一、四列算式

一、墙面抹灰按设计图示尺寸以面积计算。扣除墙裙、门窗洞口及单个 0.3 m^2 以外的孔洞面积，不扣除踢脚线、装饰线以及墙与构件交接处的面积，门窗洞口和孔洞的侧壁及顶面不增加面积。附墙柱、梁、垛、烟囱侧壁并入相应的墙面面积内。内墙抹灰有天棚而不到顶者，高度算至天棚底面。

解析：

如图 2-1 所示，只是给出 A、E 墙的尺寸，那么只算出这面墙的表面积即可。

步骤一，计算斩假石外墙面表面面积。

斩假石外墙表面积 $S_{斩}$ = 墙体展开长度×墙高－门洞所占面积

$=(14.65+0.60\times2+0.24)\text{m}\times0.65\text{ m}-1.50\text{ m}\times0.65\text{ m}$

$=9.48\text{ m}^2$

步骤二，计算甩毛抹灰外墙面表面面积。

甩毛抹灰外墙表面积 $S_{甩}$ = 墙体展开长度×墙高－门洞所占面积

$=(14.65+0.60\times2+0.24)\text{m}\times3.15\text{ m}-1.50\text{ m}$

$\times(2.65-0.65)\text{m}-0.90\text{ m}\times3.15\text{ m}=44.85\text{ m}^2$

步骤三，计算抹灰线条工程量。

四、凸出的线条抹灰增加费以凸出棱线的道数不同分别按延长米计算，两条及多条线条相互之间净距 100 mm 以内的，每两条线条按一条计算工程量。

抹灰线条延长米 $L_{抹}=(14.65\text{ m}+0.60\text{ m}\times2+0.24\text{ m}+0.10\text{ m}\times2)\times2=32.58\text{ m}$

2. 计算工程量的精度

本墙面采用的是外墙抹灰面，属于一般要求，其工程量的精度按四舍五入原则，保留 2 位小数。

3. 把计算过程及结果以表格形式体现

计算过程及结果见表 2-1。

表 2-1　工程量计算表

序号	定额编号	分项工程名称	计算式	单位	工程量
1		斩假石抹灰	(14.65＋0.60×2＋0.24)×0.65－1.50×0.65＝	m^2	9.48
2		甩毛抹灰	(14.65＋0.60×2＋0.24)×3.15－1.50×(2.65－0.65)－0.90×3.15＝	m^2	44.85
3		抹灰线条	(14.65＋0.60×2＋0.24＋0.10×2)×2＝	m	32.58

五、套用定额单价

1. 选择合适的定额的套用方式

根据装饰企业施工技术，本施工图样的分项工程工作内容与所套用的相应定额规定的工程内容是相符的，则可直接套用相应定额项目。

2. 查定额编号、确定定额单价

步骤一，确定斩假石、甩毛抹灰面层单价，根据表 2-2，查得定额编号 11－4，斩假石面层对应定额基价为 4242 元/100 m^2，可以确定定额单价是 42.42 元/m^2；查得定额编号 11－6，甩毛抹灰面层对应定额基价为 1429 元/100 m^2，可以确定定额单价是 14.29 元/m^2。

步骤二，确定抹灰线条单价，根据表 2-3，查得定额编号 11－40，抹灰线条对应定额基价为 454 元/100 m，可以确定定额单价是 4.54 元/m。

表 2-2　墙面抹灰——装饰抹灰表

工作内容：1. 清理、修补、湿润基层表面，堵墙眼，调运砂浆，清扫落地灰

2. 分层抹灰、刷浆，找平，起线，找平，压实剁面

3. 分层抹灰、刷浆，找平，罩面，分格、甩毛、拉条　　计量单位：100 m^2

定额编号		11－4	11－5	11－6
项　目		斩假石	拉条	甩毛
		12＋10	14＋10	10＋6
基价/元		4242	1548	1429
其中	人工费/元	3670.50	871.00	950.50
	材料费/元	546.11	650.49	457.41
	机械费/元	25.19	26.94	21.09

续表

名称		单位	单价/元	消耗量		
人工	三类人工	工日	50.00	73.410	17.420	19.010
材料	水泥砂浆 1∶3	m^3	195.13	1.385	1.620	1.150
	水泥白石屑浆 1∶2	m^3	234.35	1.154	—	—
	混合砂浆 1∶0.5∶1	m^3	285.95	—	1.150	—
	水泥砂浆 1∶2.5	m^3	210.26	—	—	0.680
	水泥砂浆 1∶1	m^3	262.93	—	—	0.320
	红土粉	kg	0.03	—	—	12.020
	水	m^3	2.95	0.820	0.860	0.860
	其他材料费	元	1.00	3.000	3.000	3.000
机械	灰浆搅拌机 200 L	台班	58.57	0.430	0.460	0.360

表 2-3 零星抹灰——其他

工作内容：1. 清理、修补、湿润基层表面，调运砂浆，清扫落地灰

2. 分层抹灰、刷浆，洒水湿润，罩面压光等全过程

计量单位：100 m^2

定额编号				11—40	11—41	11—42	11—43
项目				装饰线条抹灰增加费（宽度 200 以内）		轻质砌块专用批灰	
				三道以内	三道以上	一底一面	面层每增加一遍
				100 m			
基价/元				454	609	1142	238
其中	人工费/元			395.00	510.00	765.00	150.00
	材料费/元			55.58	94.22	376.50	88.00
	机械费/元			3.51	4.69	—	—
名称		单位	单价/元				
人工	三类人工	工日	50.00	7.900	10.200	15.300	3.000
材料	水泥砂浆 1∶3	m^3	195.13	0.120	0.160	—	—
	水泥砂浆 1∶2.5	m^3	210.26	0.120	0.160	—	—
	水泥砂浆 1∶2	m^3	228.22	0.010	0.100	—	—
	底批土	kg	0.75	—	—	350.000	—
	面批土	kg	0.80	—	—	140.000	110.000
	水	m^3	2.95	0.900	1.200	—	—
	其他材料费	元	1.00	2.000	3.000	2.000	—
机械	灰浆搅拌机 200 L	台班	58.57	0.060	0.080	—	—

注：定额中指宽度为线外挑凸出宽度。

六、确定外墙面面层工程直接费

1. 确定分项工程直接费

直接费可根据工程量和定额基价计算。其计算方法见下式：

分项工程直接费＝分项工程量×单位产品定额基价

根据以上公式，

斩假石面层的直接费＝9.48 m^2×42.42 元/m^2＝402.14 元

甩毛抹灰面层的直接费＝44.84 m^2×14.29 元/m^2＝640.76 元

抹灰装饰线条的直接费＝32.58 m×4.54 元/m＝147.91 元

2. 以预算表格的形式表达

预算表格见表 2-4。

表 2-4　工程预算表

工程名称：××小区×幢×单元×室

××建筑装饰设计工程有限公司										
工程预(决)算清单										
项目名称：×先生/女士公寓　客户电话：××××-×××××××××							公司电话： ××××年×月×日　共×页			
序号	定额编号	项目名称	工程造价				其中(单价)			备注
			单位	数量	单价	合价	材料	人工	机械	
二		墙面工程								
1	11－4	斩假石面层	m^2	9.48	42.42	402.14				
2	11－6	甩毛抹灰面层	m^2	44.84	14.29	640.76				
3	11－40	抹灰线条	m	32.58	4.54	147.91				
		直接费				1190.81				

知识链接

外墙抹灰如同水泥砂浆整体地面，施工工艺比较接近，在计算工量时也有异曲同工之处，能不扣除就不扣除，能不增加就不增加，简化计算过程。抹灰有很多种，在计量与计价时根据不同砂浆的厚度、遍数进行计算或调整。

拓展训练

某墙面装饰，其施工工艺符合定额内容。请学生根据前面的任务学习，进行此外墙面装饰工程直接费的计算。

(1)要求：分析图样，找出工量计算顺序和计量单位，按《浙江省建筑工程预算定额》的工程量计算规则进行工量计算，列出工量清单表，查《浙江省建筑工程预算定额》确定单价，根据要求汇总出外墙面装饰工程直接费，列出预算表。

(2)所给图样如图 2-2 所示。

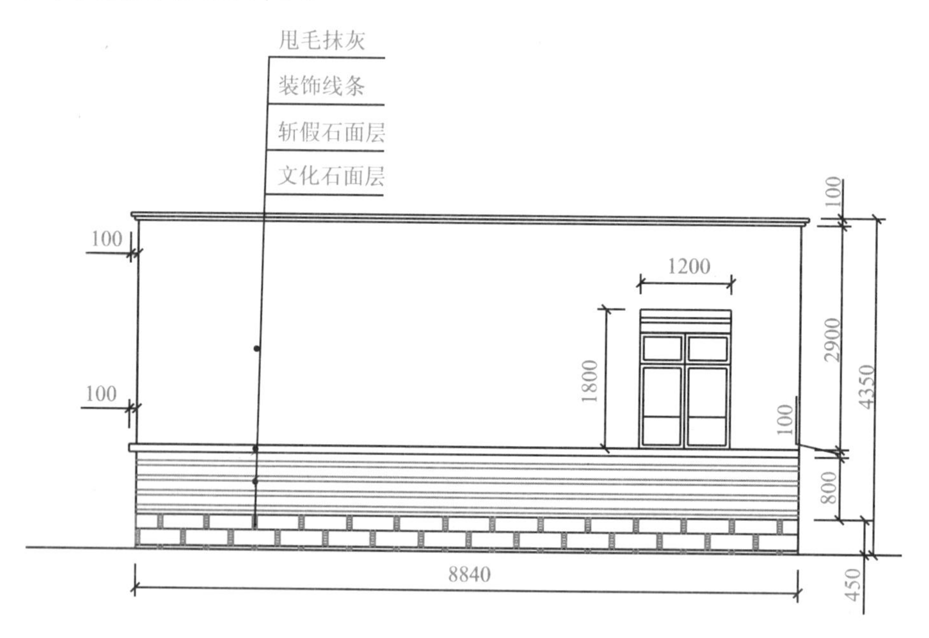

图 2-2　外墙饰面立面图

(3)评价：以小组为单位进行评价，5～8 人为一个小组，按新任务中所列的要求一一完成，完成后利用分值标准评出优秀、良好、一般等品质。评价标准见表 2-5。

表 2-5　评价标准表

项次	项目任务	评价标准	分值	项目得分
1	识别图纸能力	要准确识别尺寸、单位、装饰构造、装饰材料、施工工艺	6	
2	工程量计算规则	要求掌握工程量的计算规则，并能正确计算工程量	6	
3	定额套用	能选择正确的定额套用方式、套取定额数量	6	
4	算分项直接费	能正确计算出工程直接费	6	
5	团队合作	能有良好的团队精神、分工明确	6	

任务 2　柱面一般抹灰工程直接费的确定

学习目标

(1)能正确识别柱面一般抹灰工程施工图样。

(2)懂建筑装饰材料、柱面一般抹灰工程施工工艺和工序。

(3)能按柱面一般抹灰工程量的计算规则进行工程量计算。

(4)能根据定额标准进行定额套用。

(5)能汇总出柱面一般抹灰工程的直接费。

任务描述

本任务主要是学习柱面一般抹灰工程的直接费计算，要求学生根据任务中给出的柱面一般抹灰工程的标准施工图样(图 2-3、图 2-4)，根据《浙江省建筑工程预算定额》中的工程量计算规则，汇总出工程量标准(表 2-6)，根据《浙江省建筑工程预算定额》(表 2-7、表 2-8)直接查出或换算出定额单价，最终计算出此分项工程的直接费(表 2-9)。

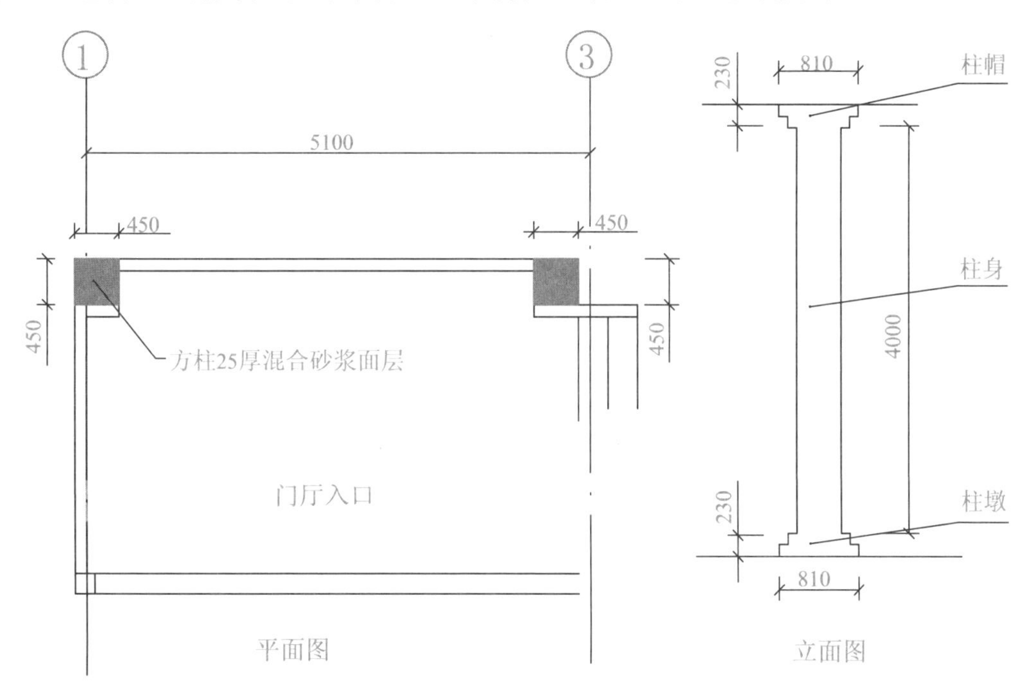

图 2-3　某叠加房入口门厅方柱平面图与立面图

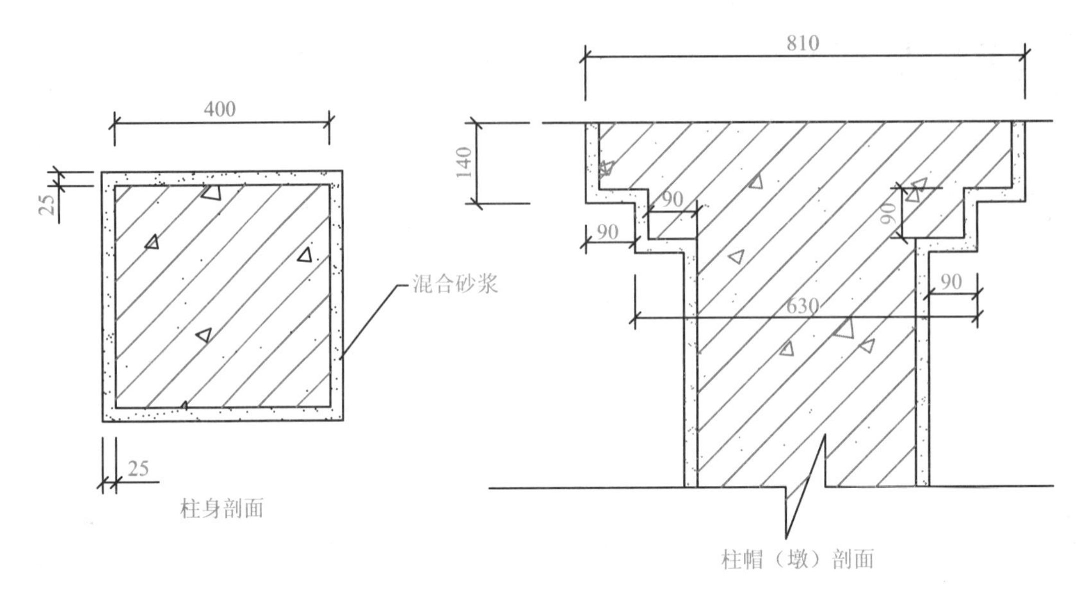

图 2-4　某叠加房入口门厅方柱剖面图

任务实施

一、识读施工图样

(1)方柱两个，柱身高 4000 mm，柱身断面边长 450 mm。

(2)每个柱子有柱墩、柱帽各一个，尺寸如图 2-2 所示。

(3)混合砂浆面层。

(4)抹灰面层砂浆厚度 25 mm。

二、确定施工内容

柱面一般抹灰的施工内容：基层处理→浇水湿墙→堵墙眼→调运砂浆→做灰饼(标志块)、冲筋→阳角做护角→分层抹灰→修补孔洞→抹罩面灰→罩面压光→养护、清理。

三、确定计量顺序及计量单位

1. 确定工程量的顺序

本柱面施工图样按照定额顺序计算。

2. 确定工程量的计量单位

本柱面以公制度量来计算面积与长度，分别用 m^2、m 作为计量单位。

四、进行工程量的计算

1. 根据《浙江省建筑工程预算定额》第十一章墙柱面工程的工程量计算规则五、十列算式

五、柱面抹灰按设计图示尺寸以柱断面周长乘以高度计算。零星抹灰按设计图示尺寸以展开面积计算。

解析：

步骤一，计算柱身一般抹灰面积。

此工程为一般抹灰，柱子断面周长为 0.40 m×4，柱高为 4.00 m，有两根柱子，那么，

$$S_{身} = 柱子断面周长 \times 柱高 \times 柱子根数 = 0.40\ m \times 4 \times 4.00\ m \times 2 = 12.80\ m^2$$

（柱身一般抹灰面积 $S_{身}$）

步骤二，计算柱墩、柱帽一般抹灰面积。

十、抹灰、镶贴块料及饰面的柱墩、柱帽（大理石、花岗岩除外）其工程量并入相应柱内计算，每个柱墩、柱帽另增加人工：抹灰增加 0.25 工日；镶贴块料增加 0.38 工日；饰面增加 0.5 工日。

柱帽、柱墩大小形状相同，只算出一个面积即可，两个柱子共四个，那么，

柱帽（柱墩）面积 $S_{帽} = 1$ 个柱帽（柱墩）展开面积×柱帽（柱墩）个数

$$= [0.63\ m \times 4 \times 0.09\ m + 0.81 \times 4 \times 0.14\ m + (0.81\ m \times 0.81\ m - 0.45\ m \times 0.45\ m)] \times 4 = 4.54\ m^2$$

步骤三，汇总柱子一般抹灰总面积。

$$S_{总} = S_{身} + S_{帽} = 12.80\ m^2 + 4.54\ m^2 = 17.34\ m^2$$

2. 计算工程量的精度

本柱面采用的是抹灰面，属于一般要求，其工程量的精度按四舍五入原则，保留 2 位小数。

3. 把计算过程及结果以表格形式体现

计算过程及结果见表 2-6。

表 2-6　工程量计算表

序号	定额编号	分项工程名称	计算式	单位	工程量
1		柱子一般抹灰	0.40×4×4.00×2+[0.63×4×0.09+0.81×4×0.14+(0.81×0.81−0.45×0.45)]×4=	m^2	17.34

五、套用定额单价

1. 选择合适的定额的套用方式

根据装饰企业施工技术，本施工图样的分项工程工作内容与所套用的相应定额规定的工程内容是不相符的，则要进行价格调整，套用调整后单价。

2. 根据《浙江省建筑工程预算定额》第十一章墙柱面工程的说明二确定定额单价

二、墙柱面一般抹灰定额均注明不同砂浆抹灰厚度；抹灰遍数除定额另有说明外，均按三遍考虑。实际抹灰厚度与遍数与设计不同时按以下原则调整：

1. 抹灰厚度设计与定额不同时，按抹灰砂浆厚度每增减 1 mm 定额执行。

2. 抹灰厚度设计与定额不同时，每 100 m² 人工另增加(或减少)4.89 工日。

步骤一，本柱面的砂浆厚度为 25 mm，而定额中规定是 20 mm，所以要进行价格调整。

步骤二，查柱面混合砂浆的定额编号和定额单价。

根据表 2-7，查得定额编号 11－14，20 mm 混合砂浆柱面对应定额基价为 1491 元/100 m²；根据表 2-8 抹灰砂浆厚度调整表，查得定额编号 11－27，20 mm 混合砂浆抹灰每增减 1 mm 对应定额基价为 36 元/100 m²。

步骤三，调整厚度后的单价。柱面抹灰实际厚度为 25 mm，定额是 20 mm，按增减项进行调整，那么，

调整后基价＝原始基价＋增减项基价×(实际厚度－定额厚度)/增减值

＝1491 元＋36 元×(25 mm－20 mm)/1 mm＝1671 元(/100 m²)

所以调整后的新基价是 1671 元/100 m²，可以确定定额单价是 16.71 元/m²。

表 2-7　柱、梁面抹灰——一般抹灰

工作内容：1. 清理、修补、湿润基层表面，堵墙眼，调运砂浆，清扫落地灰

2. 分层抹灰、刷浆，洒水湿润，罩面压光(包括护角抹灰)等全过程　　计量单位：100 m²

定额编号		11－12	11－13	11－14
项　目		石灰砂浆	水泥砂浆	混合砂浆
		18＋2	14＋6	
基价/元		1504	139	1491
其中	人工费/元	973.00	927.00	985.00
	材料费/元	509.32	449.66	484.27
	机械费/元	21.67	21.67	21.67

续表

名称		单位	单价/元	消耗量		
人工	三类人工	工日	50.00	19.460	18.540	19.700
材料	石灰砂浆 1∶3	m^3	192.05	1.930	—	—
	水泥砂浆 1∶2	m^3	228.22	0.260	—	—
	水泥砂浆 1∶3	m^3	195.13	—	1.550	—
	水泥砂浆 1∶2.5	m^3	210.26	—	0.670	—
	混合砂浆 1∶1∶6	m^3	206.16	—	—	1.550
	混合砂浆 1∶1∶4	m^3	236.49	—	—	0.670
	纸筋灰浆	m^3	347.46	0.210	—	—
	水	m^3	2.95	0.70	0.70	0.700
	其他材料费	元	1.00	3.000	3.000	3.000
机械	灰浆搅拌机 200 L	台班	58.57	0.390	0.386	0.385

表 2-8　柱、梁面抹灰的抹灰砂浆厚度调整表

工作内容：调运砂浆　　　　计量单位：100 m^2

定额编号				11－25	11－26	11－27	11－28
项　目				抹灰层每增减 1			
				石灰砂浆	水泥砂浆	混合砂浆	水泥白石屑浆
基价/元				32	39	36	39
其中	人工费/元			10.00	10.00	10.00	10.00
	材料费/元			21.13	27.39	24.74	28.12
	机械费/元			1.17	1.17	1.17	1.17
名称		单位	单价/元	消耗量			
人工	三类人工	工日	50.00	0.200	0.200	0.200	0.200
材料	石灰砂浆 1∶3	m^3	192.05	0.110	—	—	
	水泥砂浆 1∶2	m^3	228.22	—	0.120	—	—
	混合砂浆 1∶1∶6	m^3	206.16	—	—	0.120	—
	水泥白石屑浆 1∶2	m^3	234.35	—	—	—	0.120
机械	灰浆搅拌机 200 L	台班	58.57	0.020	0.020	0.020	0.020

六、确定柱面面层工程直接费

1. 确定分项工程直接费

直接费可根据工程量和定额基价计算，其计算方法见下式：

分项工程直接费＝分项工程量×单位产品定额基价

根据以上公式，

$$柱面一般抹灰的直接费=17.34\ m^2\times16.71\ 元/m^2=289.75\ 元$$

根据规则十，每个柱帽(柱墩)抹灰增加 0.25 工日，每个工日 50 元/m^2，那么，

调整后柱子一般抹灰的单价=289.75 元+0.25 工日×50 元/工日×4=339.75 元

2. 以预算表格的形式表达

预算表格见表 2-9。

表 2-9　工程预算表

工程名称：××小区×幢×单元×室

××建筑装饰设计工程有限公司										
工程预(决)算清单										
项目名称：×先生/女士公寓　客户电话：××××-××××××××							公司电话： ××××年×月×日　共×页			
序号	定额编号	项目名称	工程造价				其中(单价)			备注
			单位	数量	单价	合价	材料	人工	机械	
二		墙面工程								
1	11—14 11—27	柱子一般抹灰	m^2	17.34	16.71	289.75				厚度调整
2		柱帽(柱墩)	个	4×0.25	50.00	50.00				人工调整
		直接费				339.75				

知识链接

柱子一般由柱帽、柱身和柱墩组成，其中柱帽与柱墩往往造型上比较复杂，在施工中会消耗更多的人工与材料，所以在计算柱帽和柱墩时，在人工或材料上都要进行一定的调整。

拓展训练

假设图 2-2、图 2-3 中，采用大理石湿挂，砂浆厚 20 mm，大理石板厚 15 mm，柱子原始尺寸不变(不含饰面)，则施工工艺内容同定额内容，请学生根据《浙江省建筑工程预算定额》中的说明、工程量计算规则进行该柱面直接费的计算。

(1)要求：分析图样，找出工量计算顺序和计量单位，按《浙江省建筑工程预算定额》的工程量计算规则进行工量计算，列出工量清单表，查《浙江省建筑工程预算定额》确定单价，根据要求汇总出柱面装饰工程直接费，列出预算表。

(2)评价：以小组为单位进行评价，5～8人为一个小组，按所列的要求一一完成，完成后利用分值标准评出优秀、良好、一般等品质。评价标准见表2-10。

表2-10　评价标准表

项次	项目任务	评价标准	分值	项目得分
1	识别图样能力	要准确识别尺寸、单位、装饰构造、装饰材料、施工工艺	5	
2	计量顺序与单位	能合理确定施工顺序与计量单位	4	
3	工程量计算规则	要求掌握工程量的计算规则，并能正确计算工程量	6	
4	定额套用	能选择正确的定额套用方式、套取定额数量	4	
5	进行价格换算	能根据定额说明部分及实际情况进行价格换算	6	
6	算分项直接费	能根据“两量”正确算出直接费	5	

任务3　墙面木饰面工程直接费的确定

学习目标

(1)能正确识别墙面木饰面工程施工图样。

(2)懂建筑装饰材料、墙面木饰面工程装饰施工工艺和工序。

(3)能按其墙饰面工程量的计算规则进行工程量计算。

(4)能根据定额标准进行定额套用。

(5)能汇总出墙面木饰面工程的直接费。

任务描述

本任务主要是学习墙面木饰面工程的直接费计算，要求学生根据任务中给出的墙面木饰面工程的标准施工图样(图2-5)，根据《浙江省建筑工程预算定额》中的工程量计算规则汇总出工程量标准(表2-11)，根据《浙江省建筑工程预算定额》(表2-12、表2-13)直接查出或换算出定额单价，最终计算出此分项工程的直接费(表2-14)。

任务实施

一、识读施工图样

(1)墙体是弧形墙半径2100 mm，角度60°。

(2)墙体高2400 mm。

(3)木基层、樱桃木饰面。

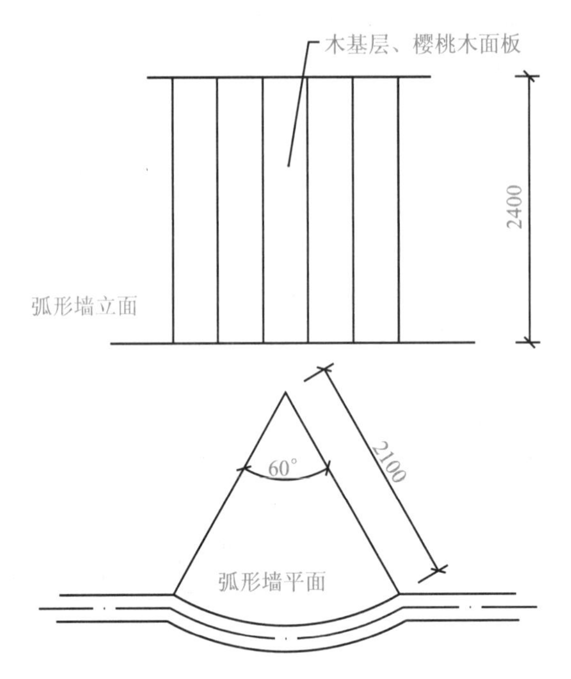

图 2-5　某叠加房弧形墙面木饰面平面图与立面图

二、确定施工内容

墙面木饰面工程的施工内容：基层处理→弹线→龙骨安装→基层安装→防腐防潮处理→面板安装→木线收边。

三、确定计量顺序及计量单位

1. 确定工程量的顺序

本墙面施工图样按照定额顺序计算。

2. 确定工程量的计量单位

本墙面以公制度量表示面积，用 m^2 作为计量单位。

四、进行工程量的计算

1. 根据《浙江省建筑工程预算定额》第十一章墙柱面工程的工程量计算规则八列算式

八、墙面饰面的基层与面层面积按设计图示尺寸净长乘净高计算，扣除门窗洞口及每个在 0.3 m^2 以上的孔洞所占的面积；增加层按其增加部分计算工程量。

解析：

因为墙体是弧形墙半径 2100 mm，角度 60°，所以弧形墙长度为

$$3.14 \times 2.10\ \text{m} \times 60^\circ / 180^\circ = 2.20\ \text{m}$$

步骤一，确定木饰面面层面积。

$$\text{面层面积}\ S_{\text{面}} = \text{墙净长} \times \text{墙净高} = 2.20\ \text{m} \times 2.40\ \text{m} = 5.28\ \text{m}^2$$

步骤二，确定木饰面基层面积。

$$\text{基层面积}\ S_{\text{基}} = S_{\text{面}} = 5.28\ \text{m}^2$$

2. 计算工程量的精度

本墙面采用的是墙面木饰面，属于一般要求，其工程量的精度按四舍五入原则，保留 2 位小数。

3. 把计算过程及结果以表格形式体现

计算过程及结果见表 2-11。

表 2-11　工程量计算表

序号	定额编号	分项工程名称	计算式	单位	工程量
1		木饰面面层	2.20×2.40=	m^2	5.28
2		木饰面基层	2.20×2.40=	m^2	5.28

五、套用定额单价

1. 选择合适的定额的套用方式

根据图中材料的标注情况，可知材料为樱桃木，其价格不能依据定额价格，要进行价格换算，则套用换算后的定额单价，并在定额编号前加“换”字。

2. 确定定额单价

根据目前市场情况，与业主协商，暂定樱桃木夹板市场价为 109 元/张(1220 mm×2440 mm×3.0 mm)，单价为 109 元/(1.22 m×2.44 m)=36.62 元/m^2。

解析：

步骤一，根据图样及施工内容可知，面层夹板暂定为樱桃木，市场价和定额价不同，要进行差价换算。

步骤二，确定换算后的单价；根据表 2-12，查得定额编号 11—119，弧形墙饰面对应定额基价为 2766 元/100 m^2，其中红榉夹板价格为 15.70 元/m^2，消耗量为 115.00 m^2；只需要在原有基价的基础上把地板定额价格扣除，把市场价格加进来就可以了。式子如下：

换算后新基价=原始基价+(樱桃木夹板市场单价−红榉夹板定额单价)×消耗量

=2766 元+(36.62−15.70)元/m^2×115.00 m^2=5171.80 元(/100 m^2)

所以调整后的新基价是 5171.80 元/100 m^2，可以确定面层定额单价是 51.72 元/m^2。

步骤三，确定基层定额单价。

根据表 2-13，查得定额编号 11—115，弧形木基层对应定额基价为 3163 元/100 m^2，可以确定基层定额单价是 31.63 元/m^2。

表 2-12　墙饰面面层

工作内容：1. 制作安装木龙骨、毛地板、安装硬木地板、净面

2. 板底木材面涂防腐剂　　计量单位：100 m^2

定额编号				11—116	11—117	11—118	11—119	11—120	11—121
项　目				装饰夹板面层					
				平面			弧形	凸凹	
				普通		拼花		普通	拼花
				木龙骨基层	夹板基层上			夹板基层上	
基价/元				2360	2482	2813	2766	2739	3038
其中	人工费/元			570.00	575.00	741.00	769.50	744.50	964.00
	材料费/元			1790.00	1906.51	2071.66	1966.61	1994.62	2074.14
	机械费/元			—	—	—	—	—	—
名称		单位	单价/元	消耗量					
人工	三类人工	工日	50.00	11.400	11.510	14.820	15.390	14.890	19.280
材料	红榉夹板	m^2	15.70	110.000	110.000	120.000	115.000	115.000	120.000
	聚醋酸乙烯乳液	kg	5.34	8.520	31.500	31.500	31.500	32.400	32.400
	枪钉	盒	7.50	1.680	0.840	1.260	1.720	1.080	0.950
	其他材料	元	1.00	5.000	5.000	10.000	10.000	8.000	10.000

表 2-13　墙饰面基层

工作内容：1. 基层清理、龙骨制作、安装

2. 钉基层、刷防腐油　　计量单位：100 m^2

定额编号		11—111	11—112	11—113	11—114	11—115
项　目		平面基层			平面夹板基层凹凸增加层	弧形木基层
		木龙骨基层	木龙骨三夹板	木龙骨九夹板		
基价/元		2230	3454	4301	2689	3163
其中	人工费/元	595.00	822.50	874.00	759.90	1035.00
	材料费/元	1631.96	2629.23	3423.49	1924.97	2123.04
	机械费/元	2.54	2.54	3.81	4.57	5.08

续表

名称		单位	单价/元	消耗量				
人工	三类人工	工日	50.00	11.900	16.450	17.480	15.198	20.700
材料	三夹板	m^2	8.80	—	105.000	—	—	—
	九夹板	m^3	16.50	—	—	105.000	105.000	—
	杉木枋 30×40	m^3	1450.00	1.080	1.080	1.080	—	1.410
	圆钉	m^3	4.36	6.570	6.570	6.570	—	6.570
	防腐油	kg	1.60	11.310	11.310	11.310	—	11.310
	合金钢钻头ϕ 10	个	5.82	2.650	2.650	2.650	—	2.650
	聚醋酸乙烯乳液	kg	5.34	—	11.360	8.520	31.500	—
	枪钉	盒	7.50	—	1.680	1.750	1.050	—
	其他材料	元	1.00	3.800	3.800	4.200	16.380	16.380
机械	木工圆锯机ϕ 500	台班	25.38	0.100	0.100	0.150	0.180	0.200

注：1. 设计采用五夹板、细木工板者，分别套三夹板、九夹板相应定额，材料单价换算。

2. 木龙骨间距按 300 mm×300 mm 考虑，设计使用木龙骨规格、间距与定额不同时，用量调整，其他不变。

六、确定墙面木饰面的工程直接费

1. 确定分项工程直接费

直接费可根据工程量和定额基价计算，其计算方法见下式：

分项工程直接费＝分项工程量×单位产品定额基价

根据以上公式，

樱桃木面层的直接费＝5.28 m^2×51.72 元/m^2＝273.08 元

木饰面基层的直接费＝5.28 m^2×31.63 元/m^2＝167.01 元

2. 以预算表格的形式表达

预算表格见表 2-14。

表 2-14　工程预算表

工程名称：××小区×幢×单元×室

××建筑装饰设计工程有限公司										
工程预(决)算清单										
项目名称：×先生/女士公寓　客户电话：××××-××××××××							公司电话： ××××年×月×日　共×页			
序号	定额编号	项目名称	工程造价				其中(单价)			备注
			单位	数量	单价	合价	材料	人工	机械	
一		墙面工程								

续表

序号	定额编号	项目名称	工程造价				其中(单价)			
			单位	数量	单价	合价	材料	人工	机械	备注
1	换 11—119	木饰面面层	m^2	5.28	51.72	273.08				材料市场价换算
2	11—115	木饰面基层	m^2	5.28	31.63	167.01				
		直接费				440.09				

知识链接

木饰面墙体相对其他墙体装修要复杂，构造上一般分龙骨、基层板、面板等，在计算工量时，分清楚属于那种施工做法，计量与计价时一般分开进行，套用价格往往根据市场价格情况进行差价换算，根据施工复杂情况进行系数换算。

拓展训练

假设图 2-4 中，采用 150 mm×220 mm 的瓷砖铺贴、尺寸相同，则施工工艺内容同定额内容，请学生根据《浙江省建筑工程预算定额》中的说明、工程量计算规则进行该弧形墙面直接费的计算。

(1)要求：分析图样，找出工量计算顺序和计量单位，按《浙江省建筑工程预算定额》的工程量计算规则进行工量计算，列出工量清单表，查《浙江省建筑工程预算定额》确定单价，根据要求汇总出瓷砖弧形墙面直接费，列出预算表。

(2)评价：以小组为单位进行评价，5～8 人为一个小组，按新任务中所列的要求一一完成，完成后利用分值标准评出优秀、良好、一般等品质。评价标准见表 2-15。

表 2-15　评价标准表

项次	项目任务	评价标准	分值	项目得分
1	识别图样能力	要准确识别尺寸、单位、装饰构造、装饰材料、施工工艺	5	
2	计量顺序与单位	能合理确定施工顺序与计量单位	4	
3	工程量计算规则	要求掌握工程量的计算规则，并能正确计算工程量	6	
4	定额套用	能选择正确的定额套用方式、套取定额数量	4	
5	进行价格换算	能根据定额说明部分及实际情况进行价格换算	6	
6	算分项直接费	能根据“两量”正确算出直接费	5	

任务 4　墙面软包工程直接费的确定

学习目标

(1)能正确识别墙面软包工程施工图样。

(2)懂建筑装饰材料、墙面软包工程装饰施工工艺和工序。

(3)能按其墙饰面工程量的计算规则进行工程量计算。

(4)能根据定额标准进行定额套用。

(5)能汇总出墙面软包工程的直接费。

任务描述

本任务主要是学习墙面软包工程的直接费计算，要求学生根据任务中给出的墙面软包工程的标准施工图样(图 2-6)，根据《浙江省建筑工程预算定额》中的工程量计算规则汇总出工程量标准(表 2-16)，根据《浙江省建筑工程预算定额》(表 2-17、表 2-18)直接查出或换算出定额单价，最终计算出此分项工程的直接费(表 2-19)。

任务实施

一、识读施工图样

(1)墙体做织物软包饰面，墙长 3780 mm。

(2)墙体高 2650 mm。

(3)木龙骨、九厘板基层、海绵衬底织物面层。

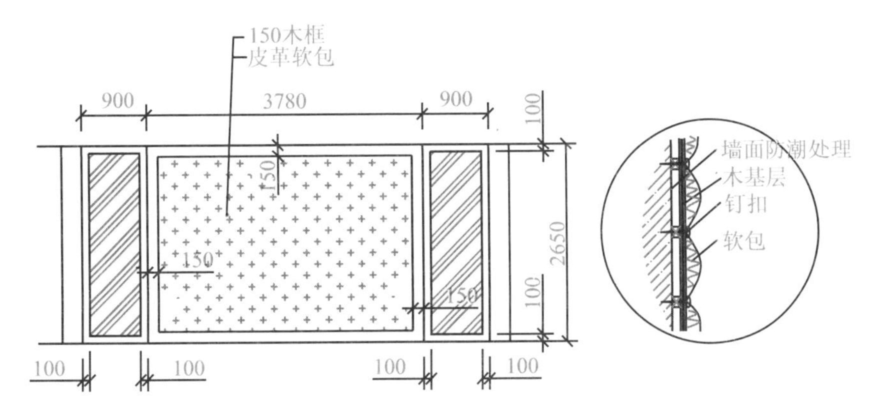

图 2-6　某叠加房墙面软包示意图

二、确定施工内容

墙面软包工程的施工内容：基层处理→弹线→龙骨安装→基层安装→防腐防潮处理→底衬安装→软包饰面→收边。

三、确定计量顺序及计量单位

1. 确定工程量的顺序

本墙面施工图样按照定额顺序计算。

2. 确定工程量的计量单位

本墙面以公制度量来计算面积，用 m^2 作为计量单位。

四、进行工程量的计算

1. 根据《浙江省建筑工程预算定额》第十一章墙柱面工程的工程量计算规则八列算式

八、墙面饰面的基层与面层面积按设计图示尺寸净长乘净高计算，扣除门窗洞口及每个在 0.3 m^2 以上的孔洞所占的面积；增加层按其增加部分计算工程量。

解析：

因为软包饰面的长度为 3780 mm，墙体高度为 2650 mm。

步骤一，确定软包饰面面层面积。

$$面层面积\ S_{面}=墙净长\times墙净高=3.78\ m\times 2.65\ m=10.02\ m^2$$

步骤二，确定软包饰面基层面积。

$$基层面积\ S_{基}=S_{面}=墙净长\times墙净高=3.78\ m\times 2.65\ m=10.02\ m^2$$

2. 计算工程量的精度

本墙面采用的是墙面软包，属于一般要求，其工程量的精度按四舍五入原则，保留 2 位小数。

3. 把计算过程及结果以表格形式体现

计算过程及结果见表 2-16。

表 2-16　工程量计算表

序号	定额编号	分项工程名称	计算式	单位	工程量
1		软包饰面面层	3.78×2.65=	m^2	10.02
2		软包饰面基层	3.78×2.65=	m^2	10.02

五、套用定额单价

1. 选择合适的定额的套用方式

根据装饰企业施工技术，本施工图样的分项工程工作内容与所套用的相应定额规定的工程内容是相符的，则可直接套用相应定额项目。

2. 确定定额单价

查定额编号、确定定额单价。

根据表 2-17，查得定额编号 11－128，织物软包对应定额基价为 6858 元/100 m^2，可以确定软包面层定额单价是 68.58 元/m^2。

根据表 2-18，查得定额编号 11－113，软包饰面基层对应定额基价为 4301 元/100 m^2，可以确定饰面基层定额单价是 43.01 元/m^2。

表 2-17　墙饰面面层

工作内容：定位、下料、铺贴面层、清扫等　　　　计量单位：100 m^2

定额编号				11－128	11－129	11－130	11－131	11－132	11－133
项　目				织物		塑料板	木板条	石膏板	贴片
				软包	硬包	木龙骨基层上			
基价/元				6858	6995	1827	2931	2010	4018
其中	人工费/元			1517.00	1433.00	511.50	545.50	789.00	1154.50
	材料费/元			5340.79	5562.34	131.59	2385.76	1221.07	2863.97
	机械费/元			—	—	—	—	—	—
名称		单位	单价/元	消耗量					
人工	三类人工	工日	50.00	30.340	28.660	10.230	10.910	15.780	23.090
材料	装饰布	m^2	22.50	115.000	115.000	—	—	—	—
	塑料板 E16	m^2	11.80	—	—	105.000	—	—	—
	石膏板 12	m^2	10.77	—	—	—	—	107.00	—
	柚木皮	m^2	22.88	—	—	—	—	—	108.000
	硬木板条 1200×38×6	m^3	3600.00	—	—	—	0.650	—	—
	海绵 20	m^2	8.78	105.000	—	—	—	—	—
	五夹板	m^2	14.30	105.000	—	—	—	—	—
	细木工板 2440×1220×15	m^2	25.19	—	105.000	—	—	—	—
	圆钉	kg	4.36	3.440	3.440	5.190	3.800	—	—
	立时得胶	kg	12.03	23.100	23.100	—	—	—	31.000
	防腐油	kg	1.60	—	—	5.190	5.190	—	—
	合金钢钻头 ϕ 10	个	5.82	—	—	1.870	1.870	—	—
	自攻螺钉 M4×25	百个	2.50	—	—	5.910	—	19.470	—
	其他材料费	元	1.00	37.000	37.000	20.000	10.000	20.000	20.000

表 2-18　墙饰面基层

工作内容：1. 基层清理、龙骨制作、安装

2. 钉基层、刷防腐油

计量单位：100 m^2

定额编号				11—111	11—112	11—113	11—114	11—115
项　目				平面基层			平面夹板基层凹凸增加层	弧形木基层
				木龙骨基层	木龙骨三夹板	木龙骨九夹板		
基价/元				2230	3454	4301	2689	3163
其中	人工费/元			595.00	822.50	874.00	759.90	1035.00
	材料费/元			1631.96	2629.23	3423.49	1924.97	2123.04
	机械费/元			2.54	2.54	3.81	4.57	5.08
名称		单位	单价/元	消耗量				
人工	三类人工	工日	50.00	11.900	16.450	17.480	15.198	20.700
材料	三夹板	m^2	8.80	—	105.000	—	—	—
	九夹板	m^3	16.50	—	—	105.000	105.000	—
	杉木枋 30×40	m^3	1450.00	1.080	1.080	1.080	—	1.410
	圆钉	m^3	4.36	6.570	6.570	6.570	—	6.570
	防腐油	kg	1.60	11.310	11.310	11.310	—	11.310
	合金钢钻头ϕ 10	个	5.82	2.650	2.650	2.650	—	2.650
	聚醋酸乙烯乳液	kg	5.34	—	11.360	8.520	31.500	—
	枪钉	盒	7.50	—	1.680	1.750	1.050	—
	其他材料	元	1.00	3.800	3.800	4.200	16.380	16.380
机械	木工圆锯机ϕ 500	台班	25.38	0.100	0.100	0.150	0.180	0.200

注：1. 设计采用五夹板、细木工板者，分别套三夹板、九夹板相应定额，材料单价换算。

2. 木龙骨间距按 300 mm×300 mm 考虑，设计使用木龙骨规格、间距与定额不同时，用量调整，其他不变。

六、确定墙面软包工程直接费

1. 确定分项工程直接费

直接费可根据工程量和定额基价计算，其计算方法见下式：

分项工程直接费＝分项工程量×单位产品定额基价

根据以上公式，

织物软包面层的直接费＝10.02 m^2×68.58 元/m^2＝687.17 元

软包饰面基层＝10.02 m^2×43.01 元/m^2＝430.96 元

2. 以预算表格的形式表达

预算表格见表2-19。

表2-19　工程预算表

工程名称：××小区×幢×单元×室

<table>
<tr><td colspan="11">××建筑装饰设计工程有限公司</td></tr>
<tr><td colspan="11">工程预(决)算清单</td></tr>
<tr><td colspan="7">项目名称：×先生/女士公寓　客户电话：××××-×××××××××</td><td colspan="4">公司电话：
××××年×月×日　共×页</td></tr>
<tr><td rowspan="2">序号</td><td rowspan="2">定额编号</td><td rowspan="2">项目名称</td><td colspan="4">工程造价</td><td colspan="3">其中(单价)</td><td rowspan="2">备注</td></tr>
<tr><td>单位</td><td>数量</td><td>单价</td><td>合价</td><td>材料</td><td>人工</td><td>机械</td></tr>
<tr><td>一</td><td></td><td>墙面工程</td><td></td><td></td><td></td><td></td><td></td><td></td><td></td><td></td></tr>
<tr><td>1</td><td>11－128</td><td>织物软包面层</td><td>m^2</td><td>10.02</td><td>68.58</td><td>687.17</td><td></td><td></td><td></td><td></td></tr>
<tr><td>2</td><td>11－113</td><td>软包饰面基层</td><td>m^2</td><td>10.02</td><td>43.01</td><td>430.96</td><td></td><td></td><td></td><td></td></tr>
<tr><td></td><td></td><td></td><td></td><td></td><td></td><td></td><td></td><td></td><td></td><td></td></tr>
<tr><td></td><td></td><td>直接费</td><td></td><td></td><td></td><td>1118.13</td><td></td><td></td><td></td><td></td></tr>
</table>

知识链接

墙面软包是一种复杂工艺，造型美观，传统工艺更加繁复。目前市场上有独立做软包的团队，采用比较先进的施工技术，简化工艺且报价灵活，但从学习的角度上，传统工艺更加具体，新工艺也是在传统工艺基础上发展而来的。本任务依然采用传统工艺进行计量与计价。

拓展训练

假设图2-6中，采用木板条饰面、木龙骨基层，无木边框，其余尺寸不变，则施工工艺内容同定额内容，请学生根据《浙江省建筑工程预算定额》中的说明、工程量计算规则进行该墙面直接费的计算。

(1)要求：分析图样，找出工量计算顺序和计量单位，按《浙江省建筑工程预算定额》的工程量计算规则进行工量计算，列出工量清单表，查《浙江省建筑工程预算定额》确定单价，根据要求汇总出木板条墙面直接费，列出预算表。

(2)评价：以小组为单位进行评价，5～8人为一个小组，按所列的要求一一完成，完成后利用分值标准评出优秀、良好、一般等品质。评价标准见表2-20。

表 2-20　评价标准表

项次	项目任务	评价标准	分值	项目得分
1	识别图样能力	要准确识别尺寸、单位、装饰构造、装饰材料、施工工艺	5	
2	计量顺序与单位	能合理确定施工顺序与计量单位	4	
3	工程量计算规则	要求掌握工程量的计算规则，并能正确计算工程量	6	
4	定额套用	能选择正确的定额套用方式，套取定额数量	4	
5	进行价格换算	能根据定额说明部分及实际情况进行价格换算	6	
6	算分项直接费	能根据“两量”正确算出直接费	5	

任务 5　雨篷抹水泥砂浆直接费的确定

学习目标

(1)能正确识别雨篷水泥砂浆抹灰工程施工图样。

(2)懂建筑装饰材料、雨篷水泥砂浆抹灰工程装饰施工工艺和工序。

(3)能按雨篷抹灰工程的计算规则进行工程量计算。

(4)能根据定额标准进行定额套用。

(5)能汇总出雨篷水泥砂浆抹灰工程的直接费。

任务描述

本任务主要是学习雨篷水泥砂浆抹灰工程的直接费计算，要求学生根据任务中给出的雨篷水泥砂浆抹灰工程的标准施工图样(图 2-7)，根据《浙江省建筑工程预算定额》中的工程量计算规则汇总出工程量标准(表 2-21)，根据《浙江省建筑工程预算定额》(表 2-22)直接查出或换算出定额单价，最终计算出此分项工程的直接费(表 2-23)。

任务实施

一、识读施工图样

(1)雨篷挑出长度是 1200 mm。

(2)翻檐高 300 mm。

(3)雨篷水平长度 6000 mm。

(4)雨篷面层抹水泥砂浆。

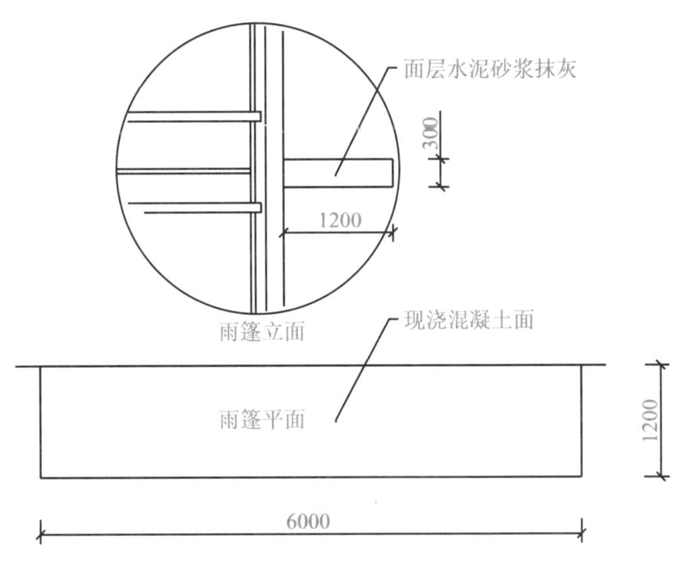

图 2-7　某叠加房雨篷平立面图

二、确定施工内容

雨篷水泥砂浆抹灰工程的施工内容：基层清理、修补→湿润基层表面→堵墙眼→调运砂浆→阳角做护角→分层抹灰→修补孔洞→抹罩面灰→压光→清理。

三、确定计量顺序及计量单位

1. 确定工程量的顺序

本雨篷施工图样按照定额顺序计算。

2. 确定工程量的计量单位

本雨篷以公制度量来计算面积，用 m^2 作为计量单位。

四、进行工程量的计算

1. 根据《浙江省建筑工程预算定额》第十一章墙柱面工程的工程量计算规则三列算式

三、阳台、雨篷、水平遮阳板抹灰面积，按水平投影面积计算，檐沟、装饰线条的抹灰长度按檐沟及装饰线条的中心线长度计算。

解析：

根据规则及图示尺寸，雨篷水泥砂浆抹灰工程量为

$$S_{雨} = 水平投影面积 = 投影宽(挑出长度) \times 投影长(水平长度)$$
$$= 1.20\ m \times 6.00\ m = 7.20\ m^2$$

2. 计算工程量的精度

本雨篷采用的是墙面木饰面，属于一般要求，其工程量的精度按四舍五入原则，保留 2 位小数。

3. 把计算过程及结果以表格形式体现

计算过程及结果见表 2-21。

表 2-21　工程量计算表

序号	定额编号	分项工程名称	计算式	单位	工程量
1		雨篷水泥砂浆抹灰	1.20×6.00=	m^2	7.20

五、套用定额单价

1. 选择合适的定额的套用方式

根据装饰企业施工技术，本施工图样的分项工程工作内容与所套用的相应定额规定的工程内容是相符的，则可直接套用相应定额项目。

2. 根据《浙江省建筑工程预算定额》第十一章墙柱面工程的说明六确定定额单价

六、阳台、雨篷、檐沟抹灰定额中，雨篷翻檐高 250 mm 以内(从板顶面算起)，檐沟侧板高 300 mm 以内定额已综合考虑，超过时按每增加 100 mm 计算；如檐沟侧板高 1200 mm 时，套墙面相应定额。

解析：

步骤一，本雨篷翻檐高 300 mm，而定额中规定超过 250 mm，套用增项，所以要进行价格调整。

步骤二，查雨篷水泥砂浆抹灰的定额编号和定额单价。

根据表 2-22，查得定额编号 11—29，高 250 mm 现浇混凝土面的雨篷水泥砂浆对应定额基价为 4650 元/100 m^2；定额编号 11—30，雨篷翻檐高每增高 100 mm 对应定额基价为 616 元/100 m^2。

步骤三，确定调整后的单价。

雨篷实际檐高 300 mm，定额规定 250 mm，按增减项进行调整，那么，

调整后基价＝原始基价＋增减项基价×(实际高度－定额高度)/增减值

＝4650 元＋616 元×(300 mm－250 mm)/100 mm＝4958 元(/100 m^2)

所以调整后的新基价是 4958 元/100 m^2，可以确定定额单价是 49.58 元/m^2。

表 2-22　柱、梁面抹灰——阳台、雨篷、檐沟

工作内容：1. 清理、修补、湿润基层表面，堵墙眼，调运砂浆，清扫落地灰

2. 分层抹灰、刷浆，洒水湿润，罩面压光等全过程　　　　计量单位：100 m²

定额编号				11—29	11—30	11—31	11—32
项　目				阳台、雨篷抹灰　水泥砂浆		檐沟水泥抹灰砂浆(100 mm)	
				现浇 混凝土面	雨篷翻口 每增高 100	混凝土檐沟	侧板 每增高 100
基价/元				4650	616	2895	413
其中	人工费/元			3516.00	478.00	1693.00	319.00
	材料费/元			1077.31	130.40	1136.50	89.20
	机械费/元			56.23	7.61	65.31	5.27
名称		单位	单价/元				
人工	三类人工	工日	50.00	70.320	9.560	33.860	6.380
材料	水泥砂浆 1∶2.5	m³	210.26	2.170	0.380	2.040	0.260
	水泥砂浆 1∶2	m³	228.22	1.300	0.220	1.200	0.150
	纸筋混合砂浆	m³	419.21	0.220	—	0.110	—
	纸筋灰砂浆 1∶2	m³	241.97	0.620	—	0.320	—
	纸筋灰砂浆	m³	347.46	0.220	—	0.110	—
	现浇现拌混凝土	m³	200.08	—	—	1.340	0.100
	水	m³	2.95	0.500	0.100	1.300	—
	其他材料费	元	1.00	4.200	—	—	
机械	灰浆搅拌机 200 L	台班	58.57	0.960	0.130	0.820	0.090
	混凝土搅拌机 500 L	台班	123.45	—	—	0.140	—

六、确定雨篷抹水泥砂浆的工程直接费

1. 确定分项工程直接费

直接费可根据工程量和定额基价计算，其计算方法见下式：

分项工程直接费＝分项工程量×单位产品定额基价

根据以上公式，

雨篷水泥砂浆抹灰直接费＝7.20 m²×49.58 元/m²＝356.98 元

2. 以预算表格的形式表达

预算表格如表 2-23。

表 2-23 工程预算表

工程名称：××小区×幢×单元×室

××建筑装饰设计工程有限公司										
工程预(决)算清单										
项目名称：×先生/女士公寓　客户电话：××××-×××××××××							公司电话： ××××年×月×日　共×页			
序号	定额编号	项目名称	工程造价				其中(单价)			
			单位	数量	单价	合价	材料	人工	机械	备注
一		墙面工程								
1	11—29 11—30	雨篷水泥砂浆抹灰	m^2	7.20	49.58	356.98				按增减项调整
		直接费				356.98				

知识链接

此任务重点学习雨篷翻檐高度不同时，价格要进行相应调整，在施工现场各种不同的做法与尺寸，不同的材料与结构，定额中只能以某一种作为标准，其他不同情况时要进行调整，定额既有其局限性也有它的灵活性，在计量与计价时要依据标准合理调整与变化。

拓展训练

假设图 2-7 中，翻沿高 350 mm，则施工工艺内容同定额内容，请学生根据《浙江省建筑工程预算定额》中的说明、工程量计算规则进行该雨篷直接费的计算。

(1)要求：分析图样，找出工量计算顺序和计量单位，按《浙江省建筑工程预算定额》的工程量计算规则进行工量计算，列出工量清单表，查《浙江省建筑工程预算定额》确定单价，根据要求汇总出雨篷直接费，列出预算表。

(2)评价：以小组为单位进行评价，5～8 人为一个小组，按新任务中所列的要求一一完成，完成后利用分值标准评出优秀、良好、一般等品质。评价标准见表 2-24。

表 2-24　评价标准表

项次	项目任务	评价标准	分值	项目得分
1	识别图样能力	要准确识别尺寸、单位、装饰构造、装饰材料、施工工艺	5	
2	计量顺序与单位	能合理确定施工顺序与计量单位	4	
3	工程量计算规则	要求掌握工程量的计算规则，并能正确计算工程量	6	
4	定额套用	能选择正确的定额套用方式、套取定额数量	4	
5	进行价格调整	能根据定额说明部分及实际情况进行价格调整	6	
6	算分项直接费	能根据“两量”正确算出直接费	5	

项目归纳

墙柱面工程分为外墙与内墙、柱面、雨篷等列项，有抹灰类、块材类、板材类、软包类及其他装饰，零星装饰等项目。

本分部工程项目通过外墙抹灰、台阶装饰、水泥砂浆面层地面、抛光砖地面、实木地板地面等进行任务的分配与完成，在任务实施的过程中，了解定额的种类，定额的使用；掌握项目划分，费用组成；熟练掌握工程量规则与计算、定额量的确定，定额单价的套用与换算，基价中人工费、材料费、机械费“三量”的关系等。

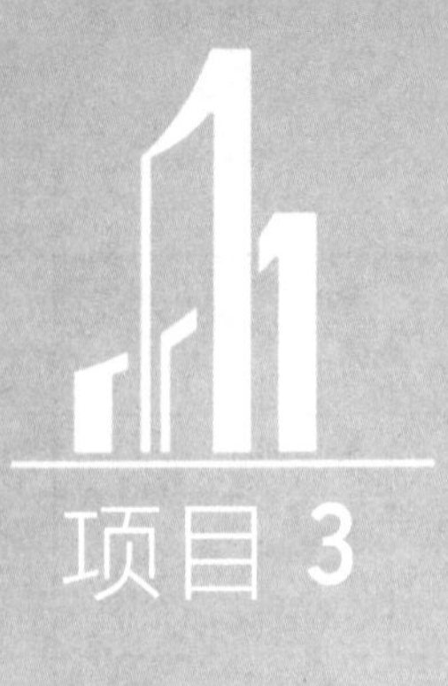

项目3 顶棚工程

项目描述

顶棚工程一般分混凝土面天棚抹灰、天棚吊顶和灯槽、灯带及风口，顶棚工程包含灯具照明、管道通风等内容，在进行计量与计价时不仅仅考虑材料及构造，还要读懂照明与管道通风的顶棚图，学生要根据建筑装饰施工图样的具体内容，参照企业施工技术经济文件、地方定额标准进行该顶棚工程的施工图预算。

任务1 悬吊跌级顶棚工程直接费的确定

学习目标

(1)能正确识别跌级顶棚工程施工图样。

(2)懂建筑装饰材料及构造、顶棚面层工程施工工艺和工序。

(3)能按顶棚基层、面层工程量的计算规则进行工程量计算。

(4)能根据定额标准进行定额套用。

(5)能汇总出顶棚工程的直接费。

任务描述

本任务主要是学习悬吊跌级顶棚工程的直接费计算，要求学生根据任务中给出的顶棚工程的平立面施工图样(图3-1)，根据《浙江省建筑工程预算定额》中的工程量计算规则，汇总出(表3-1)工程量标准，根据《浙江省建筑工程预算定额》(表3-2、表3-3)直接查出或换算出定额单价，最终计算出此分项工程的直接费(表 3-4)。

任务实施

一、识读施工图样

(1)悬吊式顶棚构造。

(2)顶棚跌级都是宽 600 mm，高 250 mm。

(3)龙骨为 U38 形，面板为纸面石膏板。

(4)顶棚为满吊，有平面有侧面。

(5)灯具不计。

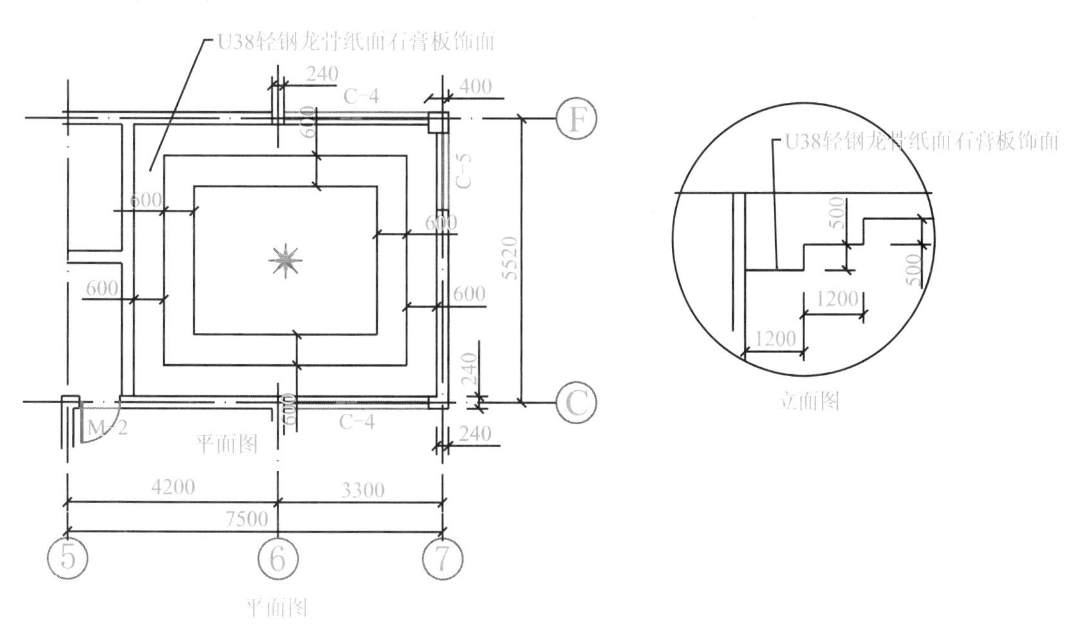

图 3-1　某叠加房顶棚平面图、立面图

二、确定施工内容

轻钢龙骨纸面石膏板顶棚的施工内容：基层清理→找标高、弹定位线→划分龙骨分格档→安装吊筋→安装主龙骨(边龙骨)→安装次龙骨→铺装纸面石膏板→安装压条线→缝隙处理→饰面。

三、确定计量顺序及计量单位

1. 确定工程量的顺序

本顶棚施工图样按照定额顺序计算。

2. 确定工程量的计量单位

本顶棚以公制度量来计算面积，用 m^2 作为计量单位。

四、进行工程量的计算

1. 根据《浙江省建筑工程预算定额》第十二章顶棚工程的工程量计算规则二、规则三列算式

二、天棚吊顶不分跌级天棚与平面天棚，基层和饰面板工程量均按设计图示尺寸以展开面积计算，不扣除间壁墙、检查口、附墙烟囱、柱、垛和管道所占面积，扣除单个 0.3 m^2 以外独立柱、孔洞(石膏板、夹板天棚面层的灯孔面积不扣除)及与天棚相连的窗帘盒所占面积。

三、天棚龙骨工程量按跌级高度乘跌级长度以"m^2"计算。

解析：

步骤一，按图示尺寸以面积计算 U38 龙骨工量。

房间顶棚开间边长为 7.50 m－0.12 m－1.32 m＝6.06 m，进深边长为 5.52 m－0.12 m×2＝5.28 m，跌级宽均为 0.60 m，跌级高为 0.25 m。

(1)计算平面面积。根据规则二，

$$S_{平面}=开间边长\times进深边长=6.06\ m\times5.28\ m=32.00\ m^2$$

(2)计算侧面面积。根据规则三，

$S_{侧面}$＝跌级长×跌级高＝[(6.06 m－0.60 m×2)＋(5.28 m－0.60 m×2)]×2×0.25 m＋[(6.06 m－0.60 m×4)＋(5.28 m－0.60 m×4)]×2×0.25 m＝7.74 m^2

步骤二，按图示尺寸以面积计算纸面石膏板工量。

图示顶棚无特殊造型，无灯槽、通风口、检修口等，所以面板面积与龙骨面积相同。

$S_{平面}$＝32.00 m^2，$S_{侧面}$＝7.74 m^2。

2. 计算工程量的精度

本吊顶采用的是轻钢龙骨与纸面石膏板，属于一般要求，其工程量的精度按四舍五入原则，保留 2 位小数。

3. 把计算过程及结果以表格形式体现

计算过程及结果见表 3-1。

表 3-1 工程量计算表

序号	定额编号	分项工程名称	计算式	单位	工程量
1		平面 U38 轻钢龙骨	6.06×5.28＝	m^2	32.00
2		侧面 U38 轻钢龙骨	[(6.06－0.60×2)＋(5.28－0.60×2)＋(6.06－0.60×4)＋(5.28－0.60×4)]×2×0.25＝	m^2	7.74

续表

序号	定额编号	分项工程名称	计算式	单位	工程量
3		平面纸面石膏板	6.06×5.28=	m²	32.00
4		侧面纸面石膏板	[(6.06－0.60×2)＋(5.28－0.60×2)＋(6.06－0.60×4)＋(5.28－0.60×4)]×2×0.25=	m²	7.74

五、套用定额单价

1. 选择合适的定额的套用方式

根据装饰企业施工技术，本施工图样的分项工程工作内容与所套用的相应定额规定的工程内容是相符的，则可直接套用相应定额项目。

2. 查定额编号、确定定额单价

步骤一，确定U38轻钢龙骨平面单价，根据表3-2，查得定额编号12－16，可以确定定额单价是22.30元/m²；龙骨侧面单价，根据表3-2，查得定额编号12－17，可以确定定额单价是20.09元/m²。

步骤二，确定纸面石膏板平面单价，根据表3-3，查得定额编号12－40，可以确定定额单价是17.08元/m²；纸面石膏板侧面单价，根据表3-3，查得定额编号12－41，可以确定定额单价是19.07元/m²。

表3-2　天棚骨架(3)轻钢龙骨、铝合金龙骨吊顶

工作内容：1. 定位、弹线、找眼
　　　　　2. 吊件加工、焊接、选料、下料
　　　　　3. 安装龙骨及横撑附件等

计量单位：100 m²

定额编号		12－16	12－17	12－18	12－19	12－20	12－21
项　目		轻钢龙骨(U38形)		轻钢龙骨(U50形)		卡式轻钢龙骨	T型铝合金龙骨
		平面	侧面	平面	侧面		
基价/元		2230	2009	2456	2224	2391	1589
其中	人工费/元	849.50	1104.36	892.00	1159.50	679.50	714.00
	材料费/元	1380.27	905.00	1563.74	1064.00	1711.65	874.74
	机械费/元	—	—	—	—	—	—

续表

名称		单位	单价/元	消耗量					
人工	三类人工	工日	50.00	16.990	22.087	17.840	23.190	13.590	14.280
材料	轻钢龙骨 U38	m^2	8.50	106.000	106.000	—	—	—	—
	轻钢龙骨 U50	m^2	10.00	—	—	106.000	106.000	—	—
	卡式轻钢龙骨	m^2	14.00	—	—	—	—	106.00	—
	铝合金 T 形龙骨 H=22	m	3.50	—	—	—	—	—	106.000
	角钢	kg	3.65	28.450	—	29.300	—	—	29.300
	吊筋	kg	4.24	33.170	—	36.640	—	—	36.640
	合金钢钻头φ8	个	5.03	2.160	—	2.220	—	2.160	2.220
	金属膨胀螺栓 M8×80	套	0.88	215.600	—	222.070	—	215.600	222.070
	普碳钢六角螺母 M8	百个	4.50	2.160	—	2.220	—	2.160	2.220
	垫圈	百个	2.63	4.310	—	4.440	—	4.310	4.440
	电焊条 E43 系列	kg	5.40	0.210	—	0.220	—	—	0.220
	其他材料费	元	1.00	12.000	4.000	12.000	4.000	6.000	12.000

表 3-3　天棚饰面

工作内容：放样、下料、安装面层、清理表面等　　　　计量单位：100 m^2

定额编号				12—40	12—41	12—42	12—43	12—44
项　目				石膏板				
				安在 U 形轻钢龙骨上		钉在木龙骨		每增加一层石膏板
				平面	侧面	平面	侧面	
基价/元				1708	1907	1677	1868	1690
其中	人工费/元			645.00	776.00	614.00	737.00	490.00
	材料费/元			1062.96	1131.08	1062.96	1131.08	1200.19
	机械费/元			—	—	—	—	—
名称		单位	单价/元	消耗量				
人工	三类人工	工日	50.00	12.900	15.520	12.280	14.740	9.800
材料	石膏板 9	m^2	8.70	107.000	110.000	107.000	110.000	107.00
	自攻螺钉 M4×35	百个	3.48	34.500	44.850	34.500	44.850	29.910
	其他材料费	元	1.00	12.000	18.000	12.000	18.000	5.000
	聚醋酸乙烯乳液	kg	5.34	—	—	—	—	30.000

六、确定顶棚工程直接费

1. 确定分项工程直接费

直接费可根据工程量和定额基价计算，其计算方法见下式：

分项工程直接费=分项工程量×单位产品定额基价。

根据以上公式，

U38 轻钢龙骨平面的直接费=32.00 m^2×22.30 元/m^2=713.60 元

U38 轻钢龙骨侧面的直接费=7.70 m^2×20.09 元/m^2=154.69 元

石膏板面层平面的直接费=32.00 m^2×17.08 元/m^2=546.56 元

石膏板面层侧面的直接费=7.70 m^2×19.07 元/m^2=146.84 元

2. 以预算表格的形式表达

预算表格见表 3-4。

表 3-4　工程预算表

工程名称：××小区×幢×单元×室

<table>
<tr><td colspan="11">××建筑装饰设计工程有限公司</td></tr>
<tr><td colspan="11">工程预(决)算清单</td></tr>
<tr><td colspan="7">项目名称：×先生/女士公寓　客户电话：××××-×××××××××</td><td colspan="4">公司电话：
××××年×月×日　共×页</td></tr>
<tr><td rowspan="2">序号</td><td rowspan="2">定额编号</td><td rowspan="2">项目名称</td><td colspan="4">工程造价</td><td colspan="3">其中(单价)</td><td></td></tr>
<tr><td>单位</td><td>数量</td><td>单价</td><td>合价</td><td>材料</td><td>人工</td><td>机械</td><td>备注</td></tr>
<tr><td>一</td><td></td><td>顶棚工程</td><td></td><td></td><td></td><td></td><td></td><td></td><td></td><td></td></tr>
<tr><td>1</td><td>12—16</td><td>U38 轻钢龙骨平面</td><td>m^2</td><td>32.00</td><td>22.30</td><td>713.60</td><td></td><td></td><td></td><td></td></tr>
<tr><td>2</td><td>12—17</td><td>U38 轻钢龙骨侧面</td><td>m^2</td><td>7.70</td><td>20.09</td><td>154.69</td><td></td><td></td><td></td><td></td></tr>
<tr><td>3</td><td>12—40</td><td>石膏板面层平面</td><td>m^2</td><td>32.00</td><td>17.08</td><td>546.56</td><td></td><td></td><td></td><td></td></tr>
<tr><td>4</td><td>12—41</td><td>石膏板面层平面</td><td>m^2</td><td>7.70</td><td>19.07</td><td>146.84</td><td></td><td></td><td></td><td></td></tr>
<tr><td></td><td></td><td></td><td></td><td></td><td></td><td></td><td></td><td></td><td></td><td></td></tr>
<tr><td></td><td></td><td>直接费</td><td></td><td></td><td></td><td>1561.69</td><td></td><td></td><td></td><td></td></tr>
</table>

知识链接

顶棚分为直接式顶棚、悬吊式顶棚、开敞式顶棚等多种，本任务重点介绍悬吊式顶棚的计量与计价，悬吊式顶棚由骨架、基层板、面板构成，设有灯槽，相对于其他项目，此项目构造复杂、计量多，吊顶按材料分为金属龙骨与木龙骨，饰面有很多，按构造形式分为跌级与平面，跌级顶棚构计量时应展开计算。

拓展训练

如图 3-2，某厨房一顶棚，采用铝合金条板离缝安装，请学生根据《浙江省建筑工程预算定额》中第十二章的说明、工程量计算规则进行该顶棚直接费的计算。

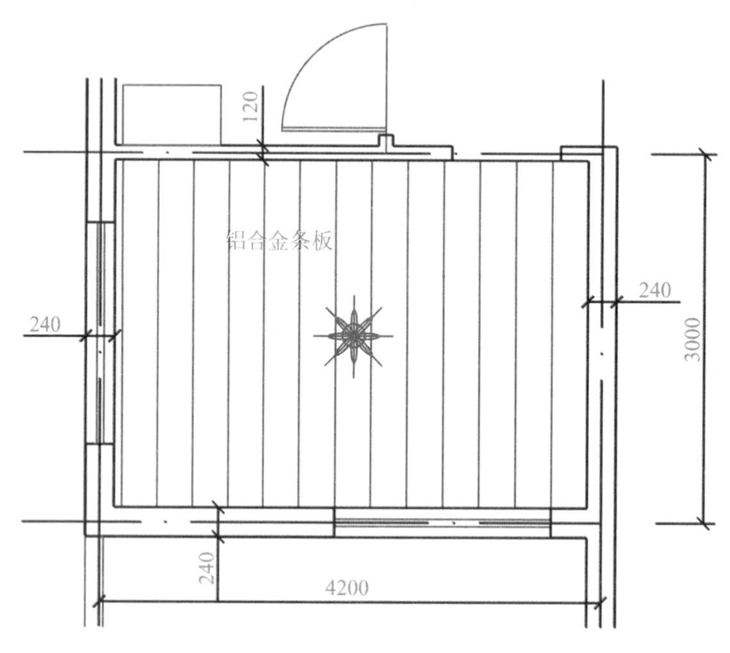

图 3-2　铝合金顶棚平面图

(1)要求：分析图样，找出工量计算顺序和计量单位，按《浙江省建筑工程预算定额》的工程量计算规则进行工量计算，列出工量清单表，查《浙江省建筑工程预算定额》确定单价，根据要求汇总顶棚直接费，列出预算表。

(2)评价：以小组为单位进行评价，5～8 人为一个小组，按新任务中所列的要求一一完成，完成后利用分值标准评出优秀、良好、一般等品质。评价标准见表 3-5。

表 3-5　评价标准表

项次	项目任务	评价标准	分值	项目得分
1	识别图样能力	要准确识别尺寸、单位、装饰构造、装饰材料、施工工艺	6	
2	工程量计算规则	要求掌握工程量的计算规则，并能正确计算工程量	6	
3	定额套用	能选择正确的定额套用方式、套取定额数量	6	
4	算分项直接费	能正确计算出工程直接费	6	
5	团队合作	能有良好的团队精神、分工明确	6	

任务 2　暗藏灯槽顶棚工程直接费的确定

学习目标

(1)能正确识别顶棚及灯槽工程施工图样。

(2)懂建筑装饰材料及构造、顶棚面层工程施工工艺和工序。

(3)能按顶棚基层、面层、灯槽工程量的计算规则进行工程量计算。

(4)能根据定额标准进行定额套用。

(5)能汇总出顶棚工程的直接费。

任务描述

本任务主要是学习暗藏灯槽顶棚工程的直接费计算，要求学生根据任务中给出的顶棚工程的平立面施工图样(图 3-3)，根据《浙江省建筑工程预算定额》中的工程量计算规则，汇总出工程量标准(表 3-6)，根据《浙江省建筑工程预算定额》(表 3-7、表 3-8、表 3-9、表 3-10、表 3-11)直接查出或换算出定额单价，最终计算出此分项工程的直接费(表 3-12)。

任务实施

一、识读施工图样

(1)暗藏灯槽(宽 100 mm、高 100 mm)顶棚构造。

(2)顶棚跌级都是宽 600 mm，高 250 mm。

(3)龙骨为双层木龙骨，面板为纸面石膏板。

(4)顶棚为满吊，有平面，有侧面。

(5)玻璃采用浮搁式。

二、确定施工内容

木龙骨纸面石膏板顶棚的施工内容：基层清理→找标高、弹定位线→安装吊筋→安装木龙骨(防火处理)→铺订基层板→铺装纸面石膏板→安装玻璃饰面→安装压条线→缝隙处理→饰面。

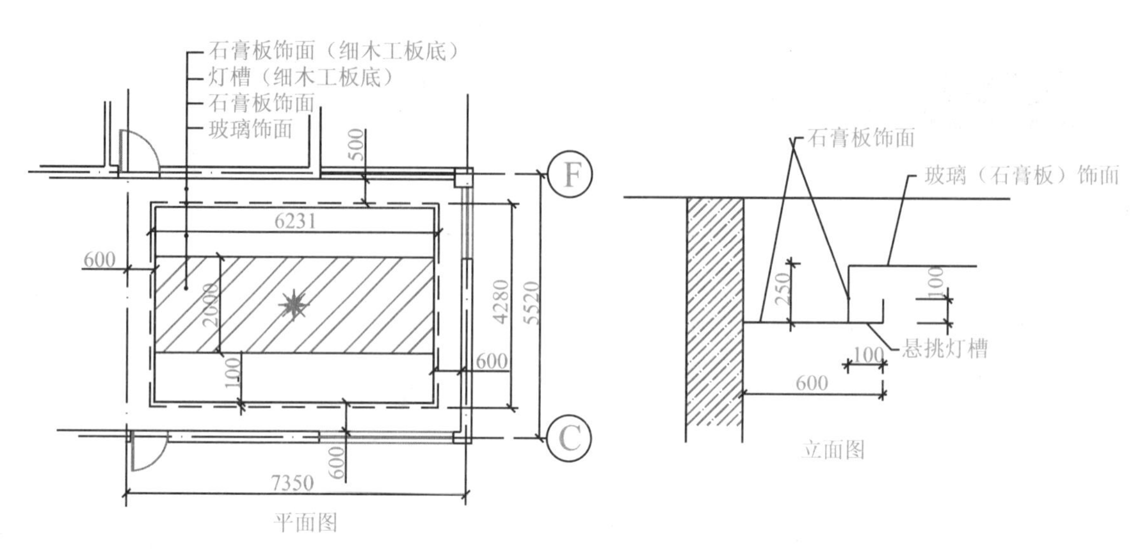

图 3-3　某叠加房顶棚及灯槽平面图、立面图

三、确定计量顺序及计量单位

1. 确定工程量的顺序

本顶棚施工图样按照定额顺序计算。

2. 确定工程量的计量单位

本顶棚以公制度量来计算面积，用 m^2 作为计量单位。

四、进行工程量的计算

1. 根据《浙江省建筑工程预算定额》第十二章顶棚工程的说明六、十一列算式

六、在夹板基层上贴石膏板，套用每增加一层石膏板定额。

十一、灯槽内侧板高度在 15 cm 以内的套用灯槽子目，高度大于 15 cm 的套用天棚侧板子目。

解析：

步骤一，按图示尺寸以面积计算双层木龙骨工量。

房间顶棚开间边长为 7.35 m－0.12 m＝7.23 m，进深边长为 5.52 m－0.12 m×2＝5.28 m，跌级宽均为 0.60 m、跌级高为 0.25 m。

(1)计算平面面积。根据规则二，

$$S_{平面}=开间边长\times进深边长=7.23\ m\times5.28\ m=38.17\ m^2$$

(2)计算侧面面积。根据规则三，

$S_{侧面}$＝跌级长×跌级高＝[(7.23 m－0.50 m×2)＋(5.28 m－0.50 m×2)]×2×0.25 m＝5.26 m^2

步骤二，按图示尺寸以面积计算基层板工量。

(1)细木工板平面基层。

$S_{平面}$＝(7.23 m＋5.28 m－0.24 m－1.00 m)×2×0.50 m＝11.27 m^2

(2)细木工板侧面基层。

$S_{侧面}$＝跌级长×跌级高＝[(7.23 m－0.50 m×2)＋(5.28 m－0.50 m×2)]×2×0.25 m＝5.26 m^2

步骤三，按图示尺寸以面积计算饰面板工量。

(1)石膏板平面饰面(带基层)。

$S_{平面}$＝(7.23 m＋5.28 m－0.24 m－1.00 m)×2×0.50 m＝11.51 m^2

(2)石膏板平面饰面(不带基层)。

$S_{平面}$＝6.23 m×4.28 m－6.23 m×2.00 m＝14.20 m^2

(3)石膏板侧面饰面。

$S_{侧面}$＝跌级长×跌级高＝[(7.23 m－0.50 m×2)＋(5.28 m－0.50 m×2)]×2×0.25 m＝5.26 m^2

(4)玻璃饰面(浮搁)。

$S_{平面}$＝6.23 m×2.00 m＝12.46 m^2

步骤四，按图示尺寸以面积计算灯槽工量。

S＝[(7.23 m－0.50 m×2)＋(5.28 m－0.50 m×2)]×2×0.20 m＝4.20 m^2

2. 计算工程量的精度

本吊顶采用的是木龙骨与纸面石膏板、玻璃饰面，属于一般要求，其工程量的精度按四舍五入原则，保留 2 位小数。

3. 把计算过程及结果以表格形式体现

计算过程及结果见表 3-6。

表 3-6　工程量计算表

序号	定额编号	分项工程名称	计算式	单位	工程量
1		平面木龙骨	7.23×5.28＝	m^2	38.17
2		侧面木龙骨	[(7.23－0.50×2)＋(5.28－0.50×2)]×2×0.25＝	m^2	5.26
3		细木工板平面基层	(7.23＋5.28－0.24－1.00)×2×0.50＝	m^2	11.27
4		细木工板侧面基层	[(7.23－0.50×2)＋(5.28－0.50×2)]×2×0.25＝	m^2	5.26
5		石膏板平面饰面(带基层)	(7.23＋5.28－0.24－1.00)×2×0.50＝	m^2	11.27

续表

序号	定额编号	分项工程名称	计算式	单位	工程量
6		石膏板平面饰面（不带基层）	6.23×4.28－6.23×2.00＝	m^2	14.20
7		石膏板侧面饰面（带基层）	[(7.23－0.50×2)＋(5.28－0.50×2)]×2×0.25＝	m^2	5.26
8		玻璃饰面（浮搁）	6.23×2.00＝	m^2	12.46
9		悬挑式灯槽	[(7.23－0.50×2)＋(5.28－0.50×2)]×2×0.20＝	m^2	4.20

五、容套用定额单价

1. 选择合适的定额的套用方式

根据装饰企业施工技术，本施工图样的分项工程工作内容与所套用的相应定额规定的工程内容是相符的，则可直接套用相应定额项目。

2. 查定额编号、确定定额单价

步骤一，确定方木天棚龙骨平面单价，根据表 3-7，查得定额编号 12－8，可以确定定额单价是 42.75 元/m^2；龙骨侧面单价，根据表 3-7，查得定额编号 12－9，可以确定定额单价是 30.07 元/m^2。

步骤二，确定细木工板平面单价，根据表 3-8，查得定额编号 12－30，可以确定定额单价是 33.50 元/m^2；细木工板侧面单价，根据表 3-8，查得定额编号 12－31，可以确定定额单价是 36.42 元/m^2。

步骤三，确定石膏板(带基层)平面单价，根据表 3-9，查得定额编号 12－44，可以确定定额单价是 16.90 元/m^2；石膏板(不带基层)平面单价，根据表 3-9，查得定额编号 12－42，可以确定定额单价是 16.77 元/m^2；石膏板(带基层)侧面单价，根据表 3-9，查得定额编号 12－44，可以确定定额单价是 16.90 元/m^2；浮搁式玻璃单价，根据表 3-10，查得定额编号 12－55，可以确定定额单价是 36.62 元/m^2。

步骤四，确定悬挑灯槽单价，根据表 3-11，查得定额编号 12－58，可以确定定额单价是 71.07 元/m^2。

表3-7　天棚骨架(1)方木楞

工作内容：定位、弹线、找眼、制作安装木楞、预留洞口、刷防腐油　　计量单位：100 m^2

定额编号				12—7	12—8	12—9	12—10
项　目				方木天棚龙骨			
				平面单层	平面双层	侧面	
						直线形	弧线形
基价/元				3793	4275	3007	5789
其中	人工费/元			650.00	708.50	975.00	1365.00
	材料费/元			3140.43	3563.20	2023.45	4422.94
	机械费/元			2.54	3.05	1.95	0.79
名称		单位	单价/元	消耗量			
人工	三类人工	工日	50.00	13.000	14.170	19.500	27.300
材料	杉板枋材	m^3	1450.00	1.800	2.090	1.380	0.557
	圆钉	kg	4.36	8.370	8.890	6.370	12.360
	细木工板 2440×1220×15	m^2	25.19	—	—	—	141.330
	合金钢钻头φ8	个	5.03	2.630	2.630	—	—
	防腐油	kg	1.60	0.640	0.640	0.420	0.184
	铁件	kg	5.81	16.540	16.540	—	—
	金属膨胀螺栓 M8×80	套	0.88	70.830	70.830	—	—
	吊筋	kg	4.24	73.610	73.610	—	—
	电焊条 E43 系列	kg	5.40	0.546	0.546	—	—
	普碳钢六角螺母 M8	百个	4.50	0.730	0.730	—	—
	垫圈	百个	2.63	0.730	0.730	—	—
	其他材料费	元	1.00	1.000	1.000	1.000	1.000
机械	木工圆锯机φ500	台班	25.38	0.100	0.120	0.077	0.031

表3-8　天棚饰面(基层)

工作内容：基层清理、放样、安装面层、清理表面　　计量单位：100 m^2

定额编号		12—30	12—31	12—32	12—33	12—34	12—35
项　目		细木工板				三夹板	
		钉在木龙骨上		钉在轻钢龙骨上		钉在木龙骨上	
		平面	侧面	平面	侧面	曲面	曲边
基价/元		3350	3642	3500	3853	2736	3228
其中	人工费/元	683.50	885.00	719.25	931.50	1388.50	1495.00
	材料费/元	2666.38	905.00	2781.00	2921.29	1347.11	1732.734
	机械费/元	—	—	—	—	—	—

续表

名称		单位	单价/元	消耗量					
人工	三类人工	工日	50.00	13.670	17.700	14.385	18.630	27.770	29.900
材料	细木工板 2440×1220×15	m²	25.19	105.000	108.000	105.000	108.000	—	—
	圆钉	kg	4.36	3.080	5.540	106.000	106.000	—	—
	三夹板	m²	8.80	—	—	—	—	110.000	116.000
	聚氯乙烯乳液	kg	5.34	—	—	—	—	38.210	58.800
	枪钉	盒	7.50	—	—	—	—	5.470	19.220
	自攻螺钉 M4×35	百个	3.48	—	—	36.220	53.670	36.220	70.630
	其他材料	元	1.00	8.000	12.000	10.000	14.000	8.000	8.000

表 3-9　天棚饰面

工作内容：放样、下料、安装面层、清理表面等　　　　计量单位：100 m²

定额编号				12—40	12—41	12—42	12—43	12—44
项　目				石膏板				
				安在U形轻钢龙骨上		钉在木龙骨		每增加一层石膏板
				平面	侧面	平面	侧面	
基价/元				1708	1907	1677	1868	1690
其中	人工费/元			645.00	776.00	614.00	737.00	490.00
	材料费/元			1062.96	1131.08	1062.96	1131.08	1200.19
	机械费/元			—	—	—	—	—
名称		单位	单价/元	消耗量				
人工	三类人工	工日	50.00	12.900	15.520	12.280	14.740	9.800
材料	石膏板 9	m²	8.70	107.000	110.000	107.000	110.000	107.00
	自攻螺钉 M4×35	百个	3.48	34.500	44.850	34.500	44.850	29.910
	其他材料费	元	1.00	12.000	18.000	12.000	18.000	5.000
	聚醋酸乙烯乳液	kg	5.34	—	—	—	—	30.000

注：石膏板安装在T形铝合金龙骨上时，套用安在U形轻钢龙骨定额，扣除自攻螺钉用量。

表 3-10　玻璃面层

工作内容：放样、下料、安装面层、清理面层　　　　计量单位：100 m²

定额编号		12—55	12—56	12—57
项　目		玻璃面层		
		浮搁式	贴在板上	吊挂式
基价/元		3662	4553	20322
其中	人工费/元	715.50	926.00	2929.00
	材料费/元	2946.00	3627.30	17392.60
	机械费/元	—	—	—

续表

名称		单位	单价/元	消耗量		
人工	三类人工	工日	50.00	14.310	18.520	58.580
材料	平板玻璃 δ5	m^2	28.00	105.000	105.000	105.000
	双面玻璃胶带纸	m	0.67	—	22.240	—
	玻璃胶	支	11.00	—	59.900	—
	不锈钢钉	kg	35.00	—	0.100	5.700
	吊筋	kg	4.24	—	—	188.000
	铁件	m^3	5.81	—	—	28.000
	金属膨胀螺栓	套	0.88	—	—	1799.000
	圆钉	kg	4.36	—	—	17.990
	不锈钢管	m	20.06	—	—	514.000
	夹挂件	个	1.53	—	—	856.800
	其他材料	元	1.00	6.000	10.000	10.000

注：玻璃车边费另计。

表 3-11　灯槽、灯带及风口

工作内容：定位、放样、下料、制作安装龙骨、安装面板等　　　　计量单位：100 m^2

定额编号				12—58	12—59
项　目				悬挑式灯槽、灯带	
				直形	弧形
				细木工板	五夹板面
				高 15cm 内	
基价/元				7107	6852
其中	人工费/元			2203.50	2782.50
	材料费/元			4897.59	4118.11
	机械费/元			6.09	5.58
名称		单位	单价/元	消耗量	
人工	三类人工	工日	50.00	44.070	54.570
材料	杉板枋材	m^3	1450.00	1.456	1.578
	细木工板 2440×1220×15	m^2	25.19	105.000	—
	五夹板	m^2	14.30	—	115.000
	合金钢钻头 ϕ 8	个	5.03	2.000	2.000
	圆钉	kg	4.36	3.450	3.790
	枪钉	盒	7.50	4.350	4.780
	聚醋酸乙烯乳液	kg	5.34	19.400	21.340
	防腐油	kg	1.60	0.700	0.700
	其他材料	元	1.00	8.000	8.000
机械	木工圆锯机 ϕ 500	台班	25.38	0.240	0.220

注：灯槽伸入轻钢龙骨内的木龙骨已考虑在定额内。

六、确定顶棚工程直接费

1. 确定分项工程直接费

直接费可根据工程量和定额基价计算，其计算方法见下式：

分项工程直接费＝分项工程量×单位产品定额基价

根据以上公式，

木龙骨平面的直接费＝38.17 m^2×42.75 元/m^2＝1631.77 元

木龙骨侧面的直接费＝5.26 m^2×30.07 元/m^2＝158.17 元

细木工板平面直接费＝11.51 m^2×33.50 元/m^2＝385.59 元

细木工板侧面直接费＝5.26 m^2×36.42 元/m^2＝191.57 元

石膏板(带基层)平面直接费＝11.51 m^2×16.90 元/m^2＝194.52 元

石膏板(不带基层)平面直接费＝14.20 m^2×16.77 元/m^2＝238.13 元

石膏板(带基层)侧面直接费＝5.26 m^2×16.90 元/m^2＝88.89 元

玻璃饰面直接费＝12.46 m^2×36.62 元/m^2＝456.29 元

悬挑灯槽直接费＝4.20 m^2×71.07 元/m^2＝298.49 元

2. 以预算表格的形式表达

预算表格见表 3-12。

表 3-12　工程预算表

工程名称：××小区×幢×单元×室

××建筑装饰设计工程有限公司										
工程预(决)算清单										
项目名称：×先生/女士公寓　客户电话：××××-×××××××××							公司电话： ××××年×月×日　共×页			
序号	定额编号	项目名称	工程造价				其中(单价)			
			单位	数量	单价	合价	材料	人工	机械	备注
一		顶棚工程								
1	12－8	木龙骨平面	m^2	38.17	42.75	1631.77				
2	12－9	木龙骨侧面	m^2	5.26	30.07	158.17				
3	12－30	细木工板平面基层	m^2	11.51	33.50	385.59				
4	12－31	细木工板侧面基层	m^2	5.26	36.42	191.57				
5	12－44	石膏板平面饰面(带基层)	m^2	11.51	16.90	194.52				
6	12－42	石膏板平面饰面(不带基层)	m^2	14.20	16.77	238.13				

续表

序号	定额编号	项目名称	工程造价				其中(单价)			备注
			单位	数量	单价	合价	材料	人工	机械	
7	12—44	石膏板侧面饰面(带基层)	m^2	5.26	16.90	88.89				
8	12—55	玻璃饰面(浮搁)	m^2	12.46	36.62	456.29				
9	12—58	悬挑灯槽	m^2	4.20	71.07	298.49				
		直接费				3643.42				

知识链接

此任务顶棚构造采用跌级吊顶和两种饰面材料，并且设有悬挑灯槽，跌级分平面、侧面分别进行计量，两种饰面材料构造做法不同，在进行定额套用时分别套用，悬挑灯槽在计量时要分清哪些计入灯槽工量，哪些不需计入，计量此任务要有足够的理论知识和一定的施工现场经验。

拓展训练

如图 3-4 所示，顶棚采用轻钢龙骨纸面石膏板、铝合金方格栅吊顶，轻钢龙骨为 U38 形，细木工板做基层，铝合金方格间距 150 mm×150 mm，灯槽宽 100 mm。请学生根据《浙江省建筑工程预算定额》中第十二章的说明、工程量计算规则进行该顶棚直接费的计算。

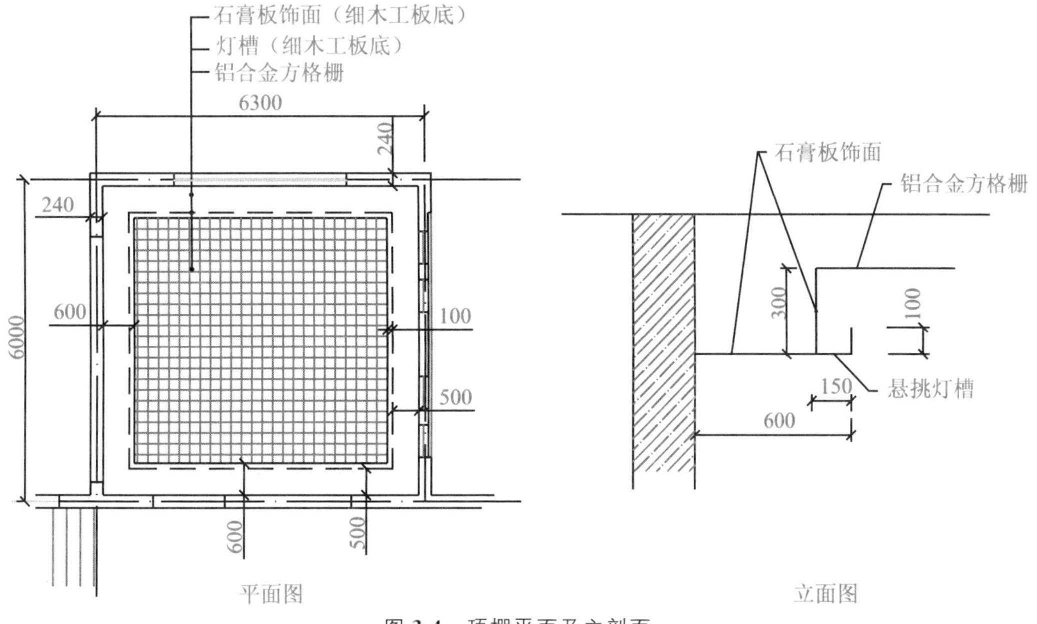

图 3-4　顶棚平面及立剖面

(1)要求：分析图样，找出工量计算顺序和计量单位，按《浙江省建筑工程预算定额》的工程量计算规则进行工量计算，列出工量清单表，查《浙江省建筑工程预算定额》确定单价，根据要求汇总出顶棚直接费，列出预算表。

(2)评价：以小组为单位进行评价，5～8人为一个小组，按新任务中所列的要求一一完成，完成后利用分值标准评出优秀、良好、一般等品质。评价标准见表3-13。

表3-13 评价标准表

项次	项目任务	评价标准	分值	项目得分
1	识别图样能力	要准确识别尺寸、单位、装饰构造、装饰材料、施工工艺	6	
2	工程量计算规则	要求掌握工程量的计算规则，并能正确计算工程量	6	
3	定额套用	能选择正确的定额套用方式、套取定额数量	6	
4	算分项直接费	能正确计算出工程直接费	6	
5	团队合作	能有良好的团队精神、分工明确	6	

项目归纳

顶棚一般分为天棚骨架、天棚饰面基层、天棚饰面、灯槽及风口等几个部分，骨架分为金属与木骨架，基层分细木工板和三夹板，面层种类繁多，应根据天棚的不同安装方法进行工量计算和价格套用。

本分部工程项目通过跌级吊顶、有灯槽且不同饰面的吊顶两个情境进行任务的分配与完成，通过两个任务练习完善各种顶棚的计量与计价，在任务实施的过程中，了解顶棚的种类，不同种类顶棚项目不同划分；掌握每种项目的计量和价格取用；熟练掌握顶棚工程量的计算规则、定额的套用与换算，基价中人工费、材料费、机械费“三量”的关系等。

项目4 家具工程

项目描述

家具工程一般分活动式家具和固定式家具，柜式家具和台式家具，办公家具和住宅家具，在进行计量与计价时不仅仅考虑家具的结构，还要考虑家具的形式、尺度，学生要根据建筑装饰施工图样的具体内容，参照企业施工技术经济文件、地方定额标准进行该家具工程的施工图预算。

任务1 台式家具直接费的确定

学习目标

(1)能正确识别家具的施工图样。

(2)懂建筑装饰材料及构造、家具施工工艺和工序。

(3)能按家具的计算规则进行工程量计算。

(4)能根据定额标准进行定额套用。

(5)能汇总出家具工程的直接费。

任务描述

本任务主要是学习家具工程的直接费计算，要求学生根据任务中给出的家具工程的平面、立面施工图样(图4-1)，根据《浙江省建筑工程预算定额》中的工程量计算规则，汇总出工程量标准(表4-1)，根据《浙江省建筑工程预算定额》(表4-2至表4-4)直接查出或换算出定额单价，最终计算出此分项工程的直接费(表 4-5)。

任务实施

一、识读施工图样

(1)厨房酒吧台。

(2)长 2100 mm，宽 450 mm，高 1150 mm。

(3)大理石台面磨三个边为小圆边。

(4)台下单独家具拼花门，尺寸长 2050 mm，高 450 mm。

(5)柜内装饰、五金、灯带、油漆暂时不计。

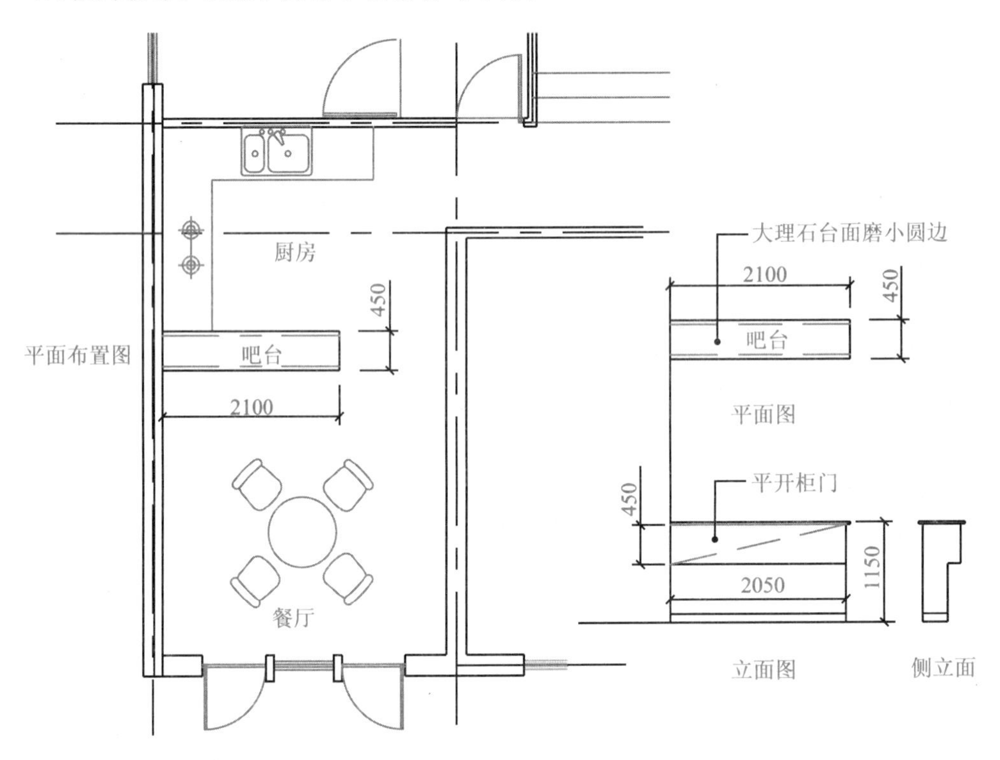

图 4-1　某叠加房酒吧台家具平面面、立面图

二、确定施工内容

台式家具(石材台面)的施工内容：钉木框架→钉基层板→钉面板→安装柜门→安装大理石台面→安装木线及装饰件→安装灯带→油漆→养护。

三、确定计量顺序及计量单位

1. 确定工程量的顺序

本家具施工图样按照定额顺序计算。

2. 确定工程量的计量单位

本家具柜体以公制度量来计算长度，用 m 作为计量单位，大理石台面、柜门以 m^2 作为计量单位。

四、进行工程量的计算

1. 根据《浙江省建筑工程预算定额》第十五章其他工程的工程量计算规则二、三、六列算式

二、柜台、吧台、服务台等以延长米计算，石材台面以“m^2”计算。

三、家具衣柜、书柜按图示尺寸的正立面面积计算。电视柜、矮柜、写字台等以延长米计算，博古架、壁柜、家具门等按设计图示尺寸以“m^2”计算。

六、石材磨边按设计图示尺寸按延长米计算。

解析：

步骤一，按图示尺寸以延长米计算家具体、大理石磨边工量。根据规则二、六，

$$L_{柜}=2.10\ m，L_{磨边}=2.10\ m\times2+0.45\ m=4.65\ m$$

步骤二，按图示尺寸以面积计算台面、家具门的工量。根据规则二、三，

$$S_{柜门}=2.05\ m\times0.45\ m=0.92\ m^2$$

$$S_{石材}=2.10\ m\times0.45\ m=0.95\ m^2$$

2. 计算工程量的精度

本家具采用的是木板及大理石台面，属于一般要求，其工程量的精度按四舍五入原则，保留 2 位小数。

3. 把计算过程及结果以表格形式体现

计算过程及结果见表 4-1。

表 4-1　工程量计算表

序号	定额编号	分项工程名称	计算式	单位	工程量
1		吧台柜体	2.10=	m	2.10
2		大理石磨边	2.10×2+0.45=	m	4.65

续表

序号	定额编号	分项工程名称	计算式	单位	工程量
3		大理石台面	2.10×0.45=	m^2	0.95
4		单独家具门	2.05×0.45=	m^2	0.92

五、套用定额单价

1. 选择合适的定额的套用方式

根据装饰企业施工技术，本施工图样的分项工程工作内容与所套用的相应定额规定的工程内容是相符的，则可直接套用相应定额项目。

2. 查定额编号、确定定额单价

步骤一，确定家具柜体单价，根据表 4-2，查得定额编号 15—5，可以确定定额单价是 565.00 元/m；大理石磨边单价，根据表 4-3，查得定额编号 15—92，可以确定定额单价是 10.26 元/m。

步骤二，确定大理石台面单价，根据表 4-2，查得定额编号 15—9，可以确定定额单价是 161.9 元/m^2；单独家具拼花门单价，根据表 4-4，查得定额编号 15—42，可以确定定额单价是 100.5 元/m^2。

表 4-2　柜台、货架(吧台)

工作内容：下料、刨光、画线、成形、安裁玻璃、五金配件、清理等全部操作过程　　计量单位：m

定额编号		15—5	15—68	15—7	15—8	15—9
项　目		酒吧台	酒吧吊柜	服务台	收银台	石材台面
		1000×450×1150	1070×315×1200	1000×450×960	m^2	10m^2
基价/元		565	512	482	555	1619
其中	人工费/元	290.00	226.50	230.50	271.50	159.00
	材料费/元	273.16	283.84	250.06	283.31	1460.38
	机械费/元	1.52	1.27	1.78	—	—

续表

名称		单位	单价/元	消耗量				
人工	三类人工	工日	50.00	5.800	4.530	4.610	5.430	3.180
材料	硬木杉板枋	m^3	2000.00	0.040	0.060	—	—	—
	杉板枋材	m^3	1450.00	0.050	0.020	—	0.100	—
	五夹板	m^2	14.30	4.020	—	—	—	—
	红榉夹板	m^2	15.70	3.410	3.290	6.300	8.620	—
	装饰防火板	m^2	32.00	—	—	1.900	—	—
	圆钉	kg	4.36	0.680	0.350	0.550	—	—
	泡沫	kg	0.49	0.690	—	—	—	—
	人造革	m^2	8.33	0.760	—	—	—	—
	塑料透光片	m^2	30.20	—	0.230	—	—	—
	角铝 25.4×1	m	6.24	—	1.950	—	—	—
	茶色镜面玻璃 5	m^2	30.00	—	1.600	—	—	—
	双面玻璃胶带纸	m	0.67	—	8.130	—	—	—
	玻璃胶	支	11.00	—	0.710	—	—	22.580
	聚醋酸乙烯乳液	kg	5.34	—	0.180	—	—	—
	立时得胶	kg	12.03	—	—	6.300	—	—
	木螺钉 M2.5×18	百个	1.30	—	0.100	—	—	—
	木胶粉	kg	5.04	—	—	0.840	—	—
	暗销	个	6.16	—	—	1.180	—	—
	砂布	张	0.21	—	—	3.150	—	—
	大理石板	m^2	120.00	—	—	—	—	10.100
	其他材料	元	1.00	—	0.200	—	2.980	—
机械	木工圆锯机ϕ 500	台班	25.38	0.060	0.050	0.070	—	—

表 4-3　压条、装饰线

工作内容：包括清洗、切割成形、磨边、刨光、打蜡等全部操作过程　　　　计量单位：100 m

定额编号		15—89	15—90	15—91	15—92	15—93	15—94
项　目		石材磨边				块料倒角磨边	块料铣槽
		平边	斜边	鸭嘴边	小圆边		
基价/元		592	601	1076	1026	393	239
其中	人工费/元	250.00	250.00	350.00	350.00	305.50	192.50
	材料费/元	342.00	351.39	725.71	676.26	87.99	46.30
	机械费/元	—	—	—	—	—	—

续表

名称		单位	单价/元	消耗量					
人工	三类人工	工日	50.00	5.000	5.000	7.000	7.000	6.100	3.850
材料	石料切割锯片	片	31.3	1.400	1.700	2.600	2.600	1.500	0.800
	石料抛光片	片	19.78	5.000	5.000	12.500	10.000	2.000	1.000
	石材磨光片	片	19.78	10.000	10.000	20.000	20.000	—	—
	水	m^3	2.95	0.500	0.500	0.500	0.500	0.500	0.500

注：弧形磨边人工乘系数1.3。

表4-4 单独家具门

工作内容：下料、刨光、画线、成形、安装五金配件、清理等全部操作过程　　计量单位：10 m^2

定额编号				15—41	15—42	15—43	15—44	15—45	15—45
项目				单独家具门				柜内单独装饰	
				平板门	拼花门	凹凸门	百叶门	贴装饰板	贴波音纸
基价/元				1001	1005	1246	2554	224	130
其中	人工费/元			298.00	302.00	458.00	993.00	74.50	37.50
	材料费/元			702.03	702.03	786.57	1559.34	149.68	92.18
	机械费/元			1.27	1.27	1.27	1.27	—	—
名称		单位	单价/元	消耗量					
人工	三类人工	工日	50.00	5.960	6.040	9.160	19.860	1.490	0.750
材料	细木工板2440×1220×15	m^2	26.87	11.610	11.610	—	3.860	—	—
	三夹板	m^2	8.80	11.000	11.000	11.000	11.000	—	—
	九夹板	m^2	16.50	—	—	14.360	—	—	—
	宝丽板	m^2	12.00	—	—	—	—	11.000	—
	波音纸	m^2	8.38	—	—	—	—	—	11.000
	红榉夹板	m^2	15.70	11.000	11.000	11.000	4.040	—	—
	榉木线条22×5	m	1.78	64.870	64.870	—	—	—	—
	榉木线条25×5	m	2.01	—	—	69.960	129.740	—	—
	榉木百叶线25×7	m	2.58	—	—	—	395.460	—	—
	榉木阴角线12×12	m	2.08	—	—	59.780	—	—	—
	枪钉	盒	7.50	0.530	0.530	0.840	1.740	—	—
	聚醋酸乙烯乳液	kg	5.34	0.210	0.210	1.660	0.240	—	—
	立时得胶	kg	12.03	—	—	—	—	1.470	—
机械	木工圆锯机φ500	台班	25.38	0.050	0.050	0.050	—	—	—

六、确定家具工程直接费

1. 确定分项工程直接费

直接费可根据工程量和定额基价计算，其计算方法见下式：

分项工程直接费＝分项工程量×单位产品定额基价

根据以上公式，

酒吧柜体的直接费＝2.10 m^2×565.00 元/m＝1186.5 元

大理石台面磨边的直接费＝4.65 m^2×10.26 元/m＝47.71 元

大理石台面的直接费＝0.95 m^2×161.90 元/m^2＝153.81 元

(家具门)柜门的直接费＝0.92 m^2×100.50 元/m^2＝92.46 元

2. 以预算表格的形式表达

预算表格见表 4-5。

表 4-5　工程预算表

工程名称：××小区×幢×单元×室

××建筑装饰设计工程有限公司										
工程预(决)算清单										
项目名称：×先生/女士公寓　客户电话：××××-×××××××××							公司电话： ××××年×月×日　共×页			
序号	定额编号	项目名称	工程造价				其中(单价)			备注
			单位	数量	单价	合价	材料	人工	机械	
一		家具工程								
1	15－5	酒吧柜体	m	2.10	565.00	1186.50				
2	15－92	大理石磨边	m	4.65	10.26	47.71				
3	15－9	大理石台面	m^2	0.95	161.90	153.81				
4	15－42	单独家具拼花门	m^2	0.92	100.50	92.46				
	直接费					1480.48				

知识链接

目前装修市场，绝大多数的家具是成品安装，现场制作的情况越来越少，因为制作家具工艺复杂、耗时耗料，而成品安装采用集成化，工艺简单，安装方便，节约了很多物力人力，且符合目前集成化道路。但对于固定式家具目前还较多采用现场制作，列举几种传统工艺的家具进行计量与计价，目的在于了解家具结构及安装。

拓展训练

若在任务1中，吧台上方有长×宽×高为2100 mm×315 mm×1200 mm的酒吧吊柜一只，单独家具拼花门，请学生根据《浙江省建筑工程预算定额》中第十五章的说明、工程量计算规则进行该吊柜直接费的计算。

(1)要求：找出工量计算顺序和计量单位，按《浙江省建筑工程预算定额》的工程量计算规则进行工量计算，列出工量清单表，查《浙江省建筑工程预算定额》确定单价，根据要求汇总吊柜直接费，列出预算表。

(2)评价：以小组为单位进行评价，5～8人为一个小组，按新任务中所列的要求一一完成，完成后利用分值标准评出优秀、良好、一般等品质。评价标准见表4-6。

表4-6　评价标准表

项次	项目任务	评价标准	分值	项目得分
1	工程量计算规则	要求掌握工程量的计算规则，并能正确计算工程量	10	
2	定额套用	能选择正确的定额套用方式、套取定额数量	10	
3	算分项直接费	能正确计算出工程直接费	5	
4	团队合作	能有良好的团队精神、分工明确	5	

任务2　住宅家具直接费的确定

学习目标

(1)能正确识别家具的施工图样。

(2)懂建筑装饰材料及构造、家具施工工艺和工序。

(3)能按家具的计算规则进行工程量计算。

(4)能根据定额标准进行定额套用。

(5)能汇总出家具工程的直接费。

任务描述

本任务主要是学习家具工程的直接费计算，要求学生根据任务中给出的家具工程的平立面施工图样(图4-2)，根据《浙江省建筑工程预算定额》中的工程量计算规则，汇总出工程量标准(表4-7)，根据《浙江省建筑工程预算定额》(表4-8)直接查出或换算出定额单价，最终计算出此分项工程的直接费(表4-9)。

任务实施

一、识读施工图样

(1)卧室附墙大衣柜。

(2)长 2500 mm，宽 500 mm，高 2400 mm。

(3)成品移门安装，市场价格为 280 元/m^2。

(4)用指接板替代细木工板基层，指接板市价为 220 元/张。

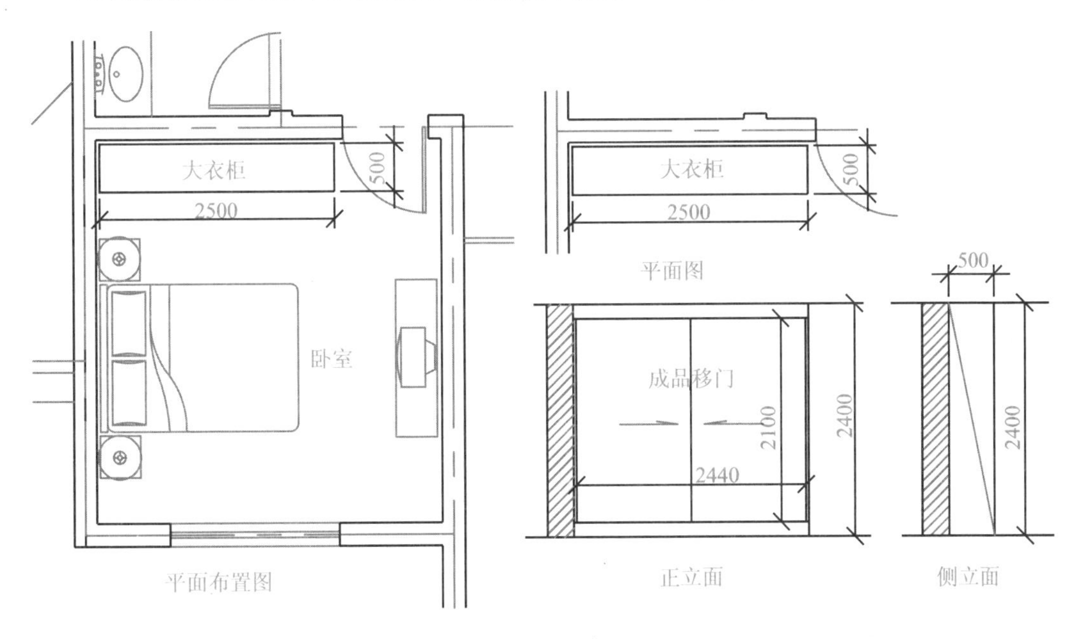

图 4-2 某叠加房附墙大衣柜平面图、立面图

二、确定施工内容

住宅家具的施工内容：放样→选料开料→安装框架→安装面板→安装木线及装饰件→安装门板→油漆→养护。

三、确定计量顺序及计量单位

1. 确定工程量的顺序

本家具施工图样按照定额顺序计算。

2. 确定工程量的计量单位

本家具柜体以公制度量来计算面积，用 m^2 作为计量单位。

四、进行工程量的计算

1. 根据《浙江省建筑工程预算定额》第十五章其他工程的工程量计算规则三列算式

三、家具衣柜、书柜按图示尺寸的正立面面积计算。电视柜、矮柜、写字台等以延长米计算，博古架、壁柜、家具门等按设计图示尺寸以“m^2”计算。

解析：

步骤一，按图示尺寸以正立面面积计算工量。根据规则三，

$$S_{柜}=2.50\ m\times2.40\ m=6.00\ m^2$$

步骤二，按图示尺寸以面积计算移门的工量。根据规则三，

$$S_{门}=2.44\ m\times2.10\ m=5.12\ m^2$$

2. 计算工程量的精度

本家具采用的是木板，属于一般要求，其工程量的精度按四舍五入原则，保留2位小数。

3. 把计算过程及结果以表格形式体现

计算过程及结果见表4-7。

表4-7　工程量计算表

序号	定额编号	分项工程名称	计算式	单位	工程量
1		附墙大衣柜	2.50×2.40=	m^2	6.00
2		成品移门	2.44×2.10=	m^2	5.12

五、套用定额单价

1. 选择合适的定额的套用方式

根据装饰企业施工技术，本施工图样的分项工程工作内容与所套用的相应定额规定的工程内容是相符的，则可直接套用相应定额项目。

2. 查定额编号、确定定额单价

步骤一，确定家具柜体单价，根据表4-8，查得定额编号15－15，可以查得定额单价是134.30元/m^2；因为此任务细木工板被指接板代替，所以在定额基价中要扣除细木工板的价格，然后加上指接板价格，最后调整的基价才是我们需要的。

调整后的基价＝原基价－旧材料单价×消耗量＋新材料单价×消耗量。

新材料市价为220元/张，折合单价为＝220元/(1.22 m×2.44 m)＝73.90元/m^2。

所以新基价 $=1343$ 元 -26.8 元$/m^2\times20.89\ m^2+73.90$ 元$/m^2\times20.89\ m^2$

$=2327$ 元$(/10\ m^2)$，

新定额单价是 232.70 元$/m^2$。

步骤二，确定移门单价，根据已知条件，可以确定移门单价是 280.00 元$/m^2$。

表 4-8　住宅及办公家具

工作内容：下料、刨光、画线、成形、安装五金配件、清理等全部操作过程　　　　计量单位：10 m^2

定额编号				15－14	15－15	15－16
项　目				衣柜		
				嵌入式壁柜	附墙衣柜	隔断木衣柜
基价/元				1221	1343	1647
其中	人工费/元			261.00	291.00	371.00
	材料费/元			957.20	1049.88	1273.20
	机械费/元			2.54	1.78	3.05
名称		单位	单价/元	消耗量		
人工	三类人工	工日	50.00	5.220	5.820	7.420
材料	细木工板 2440×1220×18	m^2	26.87	20.890	20.890	20.890
	九夹板	m^2	16.50	12.920	12.920	12.920
	十二夹板	m^2	18.70	3.150	3.150	3.150
	红榉夹板	m^2	15.70	1.270	7.870	18.870
	榉木线条 22×5	m	2.01	40.360	40.360	63.390
	枪钉	盒	7.50	0.140	0.160	0.310
	圆钉	kg	4.36	1.450	1.450	1.450
	聚醋酸乙烯乳液	kg	5.34	0.140	0.800	1.400
	泡沫防潮纸	m^2	0.87	16.800	—	—
机械	木工圆锯机 ϕ500	台班	25.38	0.100	0.100	0.120

六、确定家具工程直接费

1. 确定分项工程直接费

直接费可根据工程量和定额基价计算，其计算方法见下式：

分项工程直接费＝分项工程量×单位产品定额基价

根据以上公式，

附墙大衣柜直接费 $=6.00\ m^2\times232.70$ 元$/m^2=1396.20$ 元

大衣柜移门直接费 $=5.12\ m^2\times280.00$ 元$/m^2=1433.60$ 元

2. 以预算表格的形式表达

预算表格见表 4-9。

表 4-9　工程预算表

工程名称：××小区×幢×单元×室

××建筑装饰设计工程有限公司										
工程预(决)算清单										
项目名称：×先生/女士公寓　客户电话：××××-×××××××××							公司电话： ××××年×月×日　共×页			
序号	定额编号	项目名称	工程造价				其中(单价)			
			单位	数量	单价	合价	材料	人工	机械	备注
一		家具工程								
1	15—15	附墙大衣柜	m^2	6.00	232.70	1396.20				
2	换算	大衣柜移门	m^2	5.12	280.00	1433.60				
		直接费				2829.80				

知识链接

随着社会的发展，家具的发展可以说突飞猛进，新材料、新工艺逐渐替代传统工艺，制作过程变得简单方便，特别是板式家具的流行，加速了装修集成化进程。本任务介于传统工艺与现代工艺之间，让学生在计量时能有的放矢，根据现场情况而定，传统的工艺加上新的材料，在进行换算时注意量的把握。

拓展训练

如图 4-3 所示，为一博古架简图，采用半开敞式，请学生根据《浙江省建筑工程预算定额》中第十五章的说明、工程量计算规则进行该博古架直接费的计算。

(1)要求：分析图样、找出工量计算顺序和计量单位，按《浙江省建筑工程预算定额》的工程量计算规则进行工量计算，列出工量清单表，查《浙江省建筑工程预算定额》确定单价，根据要求汇总博估架直接费，列出预算表。

(2)评价：以小组为单位进行评价，5～8 人为一个小组，按新任务中所列的要求一一完成，完成后利用分值标准评出优秀、良好、一般等品质。评价标准见表 4-10。

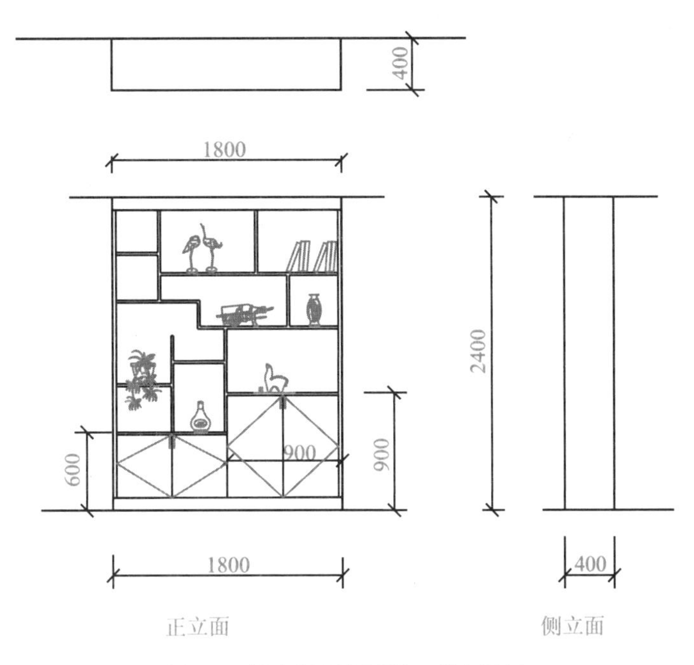

图 **4-3**　博古架正立面图、侧立面图

表 4-10　评价标准表

项次	项目任务	评价标准	分值	项目得分
1	识别图样能力	要准确识别尺寸、单位、装饰构造、装饰材料、施工工艺	6	
2	工程量计算规则	要求掌握工程量的计算规则，并能正确计算工程量	6	
3	定额套用	能选择正确的定额套用方式、套取定额数量	6	
4	算分项直接费	能正确计算出工程直接费	6	
5	团队合作	能有良好的团队精神、分工明确	6	

项目归纳

家具在整个装修工程中具有突出的地位，在装修空间中约占3/4的空间，从造价上也占有相应的比例，在进行装修设计和施工中，家具工程是不可或缺的一部分。

家具工程跟随装修的发展而发展起来，在风格特点上与装修风格是同步的。进入科技时代后，家具的材料、构造与造型艺术上开始符合科技时代的特点，而人体工学是家具设计与计量的重要参考数据。家具种类繁多，有固定式家具、活动式家具，在装修工程中，绝大多数是成品定制，只有少数家具是现场制作安装，相对于其他项目，家具的计量与计价内容不多，很多新工艺新材料与传统工艺之间会涉及换算，进行换算时要确定好材料的量。

项目5 油漆涂料工程

项目描述

油漆涂料工程是装修工程中的一个分部工程，包括多项分项工程，各分项工程所用的材料及施工工艺都不同，学生要根据建筑装饰施工图样的具体内容，参照企业施工技术经济文件、地方定额标准进行油漆涂料工程的施工图预算。

任务1 乳胶漆面层工程直接费的确定

学习目标

(1)能正确识别墙面乳胶漆面层施工图样。

(2)熟悉乳胶漆墙面工程施工工艺和工序。

(3)能按乳胶漆面层工程量的计算规则进行工程量计算。

(4)能根据定额标准进行定额套用。

(5)能汇总出乳胶漆面层分项工程的直接费。

任务描述

本任务主要是学习墙面乳胶漆面层工程的直接费计算，要求学生根据任务中给出的标准施工图样(图5-1)，根据《浙江省建筑工程预算定额》中的工程量计算规则，汇总出工程量标准(表5-1)，根据《浙江省建筑工程预算定额》(表5-2)直接查出或换算出定额单价，最终计算出此分项工程的直接费(表5-3)。

任务实施

一、识读施工图样

(1)墙面白色乳胶漆三遍。
(2)墙厚240 mm，楼层高3000 mm，楼板厚120 mm。
(3)窗户尺寸1500 mm×1900 mm(距地高900 mm)，门尺寸900 mm×2100 mm。
(4)门窗框厚度80 mm，按墙体居中布置。

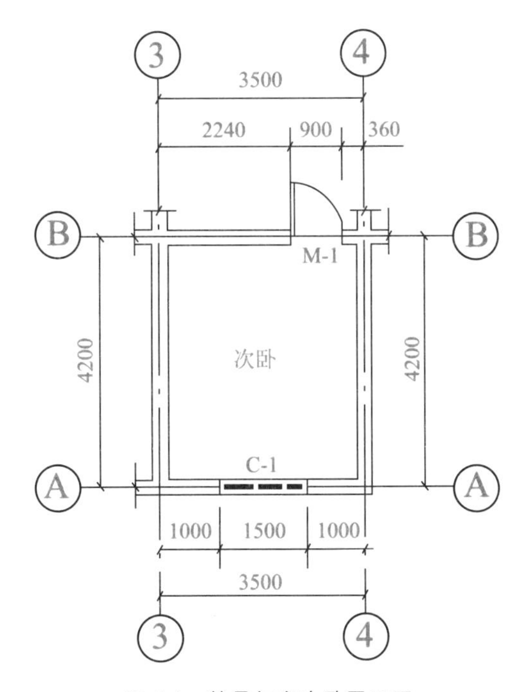

图5-1　某叠加房次卧平面图

二、确定施工内容

乳胶漆墙面的施工内容：基层清理→刮腻子→刷底漆→刷面漆→清扫。

三、确定计量顺序及计量单位

1. 确定工程量的顺序

本乳胶漆墙面施工图样按照定额顺序计算。

2. 确定工程量的计量单位

本乳胶漆墙面以公制度量来计算面积，用m^2作为计量单位。

四、进行工程量的计算

1. 根据《浙江省建筑工程预算定额》第十四章油漆、涂料、裱糊工程的工程量计算规则一列算式

一、楼地面、墙柱面、天棚的喷(刷)涂料及抹灰面油漆，其工程量的计算，除本章定额另有规定外，按设计图示尺寸以面积计算。

解析：

步骤一，按图示尺寸以面积计算。

$S_{内墙}=[(3.5\ m-0.12\ m\times2)+(4.2\ m-0.12\times2)]\times2\times(3.0\ m-0.12\ m)=41.59\ m^2$

$S_{门窗}=0.9\ m\times2.1\ m+1.5\ m\times1.9\ m=4.74\ m^2$

$S_{门窗侧}=0.08\ m\times[(0.9\ m+2.1\ m\times2)+(1.5\ m+1.9\ m)\times2]=0.95\ m^2$

步骤二，计算乳胶漆面层工程量。

$$S=S_{内墙}+S_{门窗侧}-S_{门窗}=41.59\ m^2+0.95\ m^2-4.74\ m^2=37.80\ m^2$$

步骤三，乳胶漆面层工程量为37.80 m^2。

2. 计算工程量的精度

本墙采用的是乳胶漆墙面，属于一般要求，其工程量的精度按四舍五入原则，保留2位小数。

3. 把计算过程及结果以表格形式体现

计算过程及结果见表5-1。

表5-1 工程量计算表

序号	定额编号	分项工程名称	计算式	单位	工程量
1		乳胶漆面层	[(3.5－0.12×2)＋(4.2－0.12×2)]×2×(3.0－0.12)－(0.9×2.1＋1.5×1.9)＋0.08×[(0.9＋2.1×2)＋(1.5＋1.9)×2]＝	m^2	37.80

五、套用定额单价

1. 选择合适的定额的套用方式

根据装饰企业施工技术，本施工图样的分项工程工作内容与所套用的相应定额规定的工程内容是相符的，则可直接套用相应定额项目。

2. 查定额编号、确定定额单价

步骤一，确定乳胶漆二遍单价，根据表5-2，查得定额编号14－155，乳胶漆面层对

应定额基价为 1265 元/100 m^2，可以确定定额单价是 12.65 元/m^2。

步骤二，确定乳胶漆每增减一遍单价，根据表 5-2，查得定额编号 14－156，乳胶漆面层对应定额基价为 360 元/100 m^2，可以确定定额单价是 3.60 元/m^2。

表 5-2　乳胶漆饰面表

工作内容：清扫、配浆、刮腻子、磨砂纸、刷涂料等全过程　　　　计量单位：100 m^2

定额编号				14－155	14－156	14－157	14－158
项　目				乳胶漆		涂料	
				墙、柱、天棚面			
				二遍	每增减一遍	二遍	每增减一遍
基价/元				1265	360	335	86
其中	人工费/元			746.50	263.00	263.00	68.50
	材料费/元			518.00	71.58	71.58	17.68
	机械费/元			—	—	—	—
名称		单位	单价/元	消耗量			
人工	三类人工	工日	50.00	14.93	3.51	5.260	1.370
材料	乳胶漆	kg	12.70	28.840	14.420	—	—
	普通内墙涂料		0.92	—	—	35.720	17.860
	(803 涂料)	kg	11.00				
	熟桐油	kg		—	—	0.630	—
	大白粉	kg	0.20	40.000	—	24.000	—
	石膏粉	kg	0.70	—	—	6.000	—
	滑石粉	kg	1.00	13.860	—	—	—
	107 胶	kg	2.30	7.500	—	0.600	—
	羧甲基纤维素	kg	12.00	4.000	—	1.500	—
	聚醋酸乙烯乳液	kg	5.34	4.000	—	—	—
	白水泥	kg	0.60	30.000	—	—	—
	酚醛清漆	kg	9.77	2.000	—	—	—
	木砂纸	张	0.18	20.000	4.700	8.000	3.500
	其他材料费	元	1.00	2.120	0.500	1.970	0.620

六、确定乳胶漆面层工程直接费

1. 确定分项工程直接费

直接费可根据工程量和定额基价计算，其计算方法见下式：

分项工程直接费＝分项工程量×单位产品定额基价。

根据以上公式，

乳胶漆二遍面层的直接费＝37.80 m^2×12.65 元/m^2＝478.17 元

乳胶漆增加一遍面层的直接费＝37.80 m^2×3.60 元/m^2＝136.08 元

2. 以预算表格的形式表达

预算表格见表 5-3。

表 5-3　工程预算表

工程名称：××小区×幢×单元×室

<table>
<tr><td colspan="11">××建筑装饰设计工程有限公司</td></tr>
<tr><td colspan="11">工程预(决)算清单</td></tr>
<tr><td colspan="7">项目名称：×先生/女士公寓　客户电话：××××-×××××××××</td><td colspan="4">公司电话：
××××年×月×日　共×页</td></tr>
<tr><td rowspan="2">序号</td><td rowspan="2">定额编号</td><td rowspan="2">项目名称</td><td colspan="4">工程造价</td><td colspan="3">其中(单价)</td><td></td></tr>
<tr><td>单位</td><td>数量</td><td>单价</td><td>合价</td><td>材料</td><td>人工</td><td>机械</td><td>备注</td></tr>
<tr><td>一</td><td></td><td>油漆涂料工程</td><td></td><td></td><td></td><td></td><td></td><td></td><td></td><td></td></tr>
<tr><td>1</td><td>14－155</td><td>乳胶漆墙面二遍</td><td>m²</td><td>37.80</td><td>12.65</td><td>478.17</td><td></td><td></td><td></td><td></td></tr>
<tr><td>2</td><td>14－156</td><td>乳胶漆墙面
增加一遍</td><td>m²</td><td>37.80</td><td>3.60</td><td>136.08</td><td></td><td></td><td></td><td></td></tr>
<tr><td></td><td></td><td></td><td></td><td></td><td></td><td></td><td></td><td></td><td></td><td></td></tr>
<tr><td></td><td></td><td>直接费</td><td></td><td></td><td></td><td>614.25</td><td></td><td></td><td></td><td></td></tr>
</table>

知识链接

乳胶漆按照浙江省定额的工程量计算规则可知其工程量是按设计图示尺寸以面积计算，在企业预算算量中一般以实际面积计算，可以通过现场测量得到的面积再加上相当比率的损耗得到实际面积。

拓展训练

某叠加房阳台如图 5-2 所示，阳台天棚、阳台梁内侧及梁底采用丙烯酸涂料，阳台梁的外侧采用外墙弹性涂料。请学生根据《浙江省建筑工程预算定额》中第十四章的说明、工程量计算规则进行该阳台天棚及阳台梁面层直接费的计算。

(1)要求：分析图样，找出工量计算顺序和计量单位，按《浙江省建筑工程预算定额》的工程量计算规则进行工量计算，列出工量清单表，查《浙江省建筑工程预算定额》确定单价，根据要求汇总出阳台天棚及阳台梁面层直接费，列出预算表。

(2)评价：以小组为单位进行评价，5～8 人为一个小组，按新任务中所列的要求一一完成，完成后利用分值标准评出优秀、良好、一般等品质。评价标准见表 5-4。

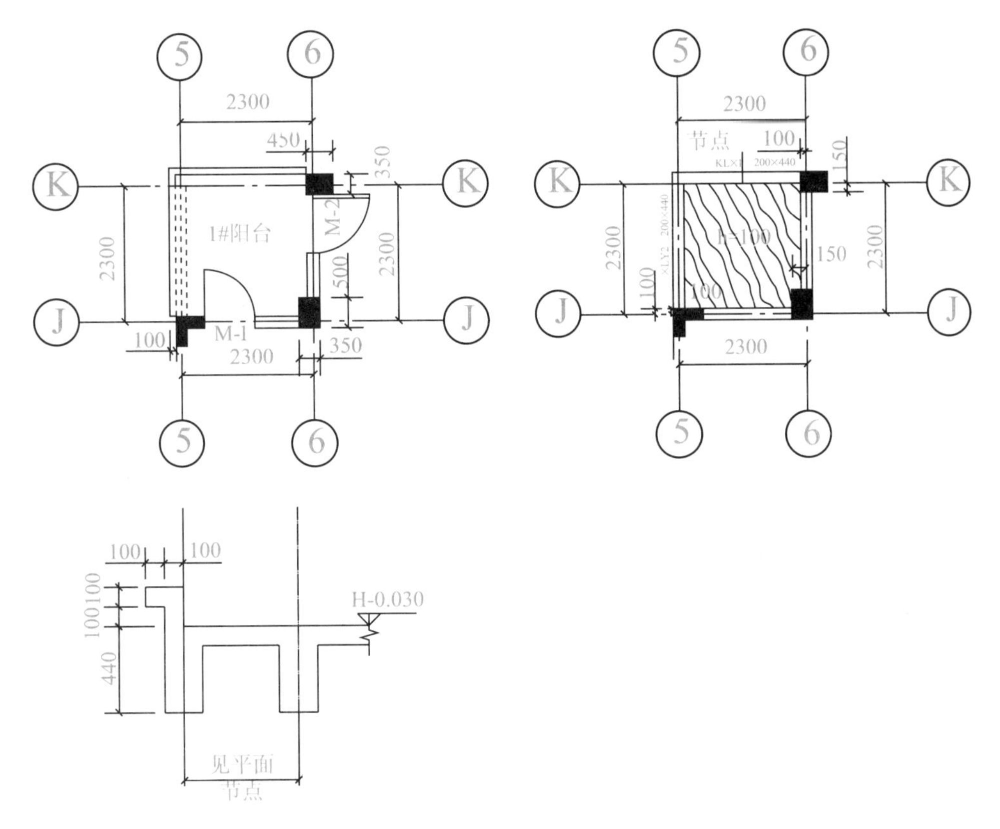

图 5-2　阳台天篷及梁

表 5-4　评价标准表

项次	项目任务	评价标准	分值	项目得分
1	识别图样能力	要准确识别尺寸、单位、装饰构造、装饰材料、施工工艺	6	
2	工程量计算规则	要求掌握工程量的计算规则，并能正确计算工程量	6	
3	定额套用	能选择正确的定额套用方式、套取定额数量	6	
4	算分项直接费	能正确计算出工程直接费	6	
5	团队合作	能有良好的团队精神、分工明确	6	

任务 2　单层木门油漆直接费的确定

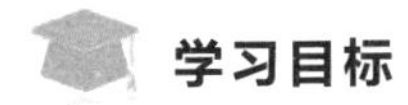

学习目标

(1)能正确识别木门施工图样。

(2)了解木门油漆施工工艺和工序。

(3)能按单层木门油漆计算规则进行工程量计算。
(4)能根据定额标准进行定额套用。
(5)能汇总出单层木门油漆分项工程的直接费。

任务描述

本任务主要是学习单层木门油漆工程的直接费计算，要求学生根据任务中给出的单层木门工程的标准施工图样(图 5-3)，根据《浙江省建筑工程预算定额》中的工程量计算规则汇总出工程量标准(表 5-6)，根据《浙江省建筑工程预算定额》(表 5-7)直接查出或换算出定额单价，最终计算出此分项工程的直接费(表 5-8)。

任务实施

一、识读施工图样

(1)单层木门底油一遍。
(2)聚酯清漆三遍。
(3)门尺寸 900 mm×2100 mm。

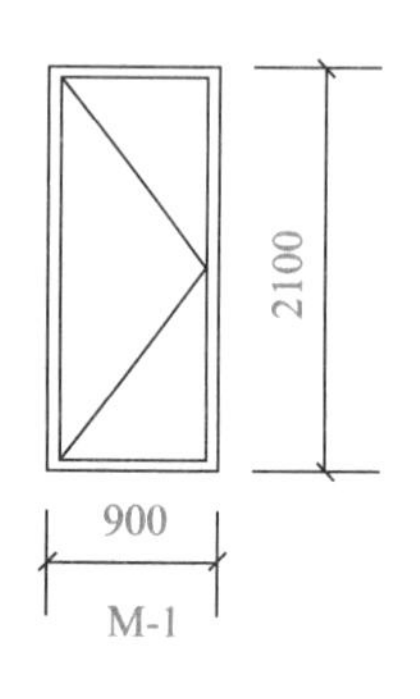

图 5-3 某叠加房卧室门

二、确定施工内容

木门刷三遍清漆工程的施工内容：清扫、起钉、除油污等→砂纸打磨→第一遍满刮腻子→磨光→刷油色→刷第一遍清漆→复补腻子→磨光→刷第二遍清漆→磨光→刷第三遍清漆。

三、确定计量顺序及计量单位

1. 确定工程量的顺序

本油漆施工图样按照定额顺序计算。

2. 确定工程量的计量单位

本油漆以公制度量来计算面积，用 m^2 作为计量单位。

四、进行工程量的计算

1. 根据《浙江省建筑工程预算定额》第十四章油漆、涂料、裱糊工程的工程量计算规则三列算式

三、木材面油漆、涂料的工程量按下列各表计算方法计算。

套用单层木门定额其工程量乘下列系数(表 5-5)：

表 5-5　系数表

定额项目	项目名称	系数	工程量计算规则
单层木门	单层木门	1.00	按门洞口面积
	双层(一板一纱)木门	1.36	
	全玻自由门	0.83	
	半玻自由门	0.93	
	半百叶门	1.30	
	厂库大门	1.10	
	带框装饰门(凹凸、带线条)	1.10	
	无框装饰门、成品门	1.10	按门扇面积

解析：

步骤一，算出门洞口面积。

$$S=0.90\ m\times 2.1\ m=1.89\ m^2$$

步骤二，算出单层木门的油漆的面积。

$$S=1.00\ m\times 1.89\ m=1.89\ m^2$$

2. 计算工程量的精度

本木门面层采用的是聚酯清漆，属于一般要求，其工程量的精度按四舍五入原则，保留 2 位小数。

3. 把计算过程及结果以表格形式体现

计算过程及结果见表 5-6。

表 5-6　工程量计算表

序号	定额编号	分项工程名称	计算式	单位	工程量
1		单层木门油漆	0.90×2.10	m^2	1.89

五、套用定额单价

1. 选择合适的定额的套用方式

根据装饰企业施工技术，本施工图样的分项工程工作内容与所套用的相应定额规定的工程内容是相符的，则可直接套用相应定额项目。

2. 查定额编号、确定定额单价

根据表5-7，查得定额编号14－1，单层木门聚酯清漆三遍对应定额基价为3343元/100 m^2，可以确定定额单价是33.43元/m^2。

表5-7　木门油漆装饰表

工作内容：清理基层、刮腻子、打磨、刷油漆、磨退等全部过程　　　　计量单位：100 m^2

定额编号				14－1	14－2	14－3	14－4
项　目				单层木门			
				聚酯清漆		聚酯混漆	
				三遍	每增减一遍	三遍	每增减一遍
基价/元				3343	822	3642	943
其中	人工费/元			1672.50	334.50	1672.50	334.50
	材料费/元			1670.99	487.48	1969.44	608.81
	机械费/元			—	—	—	—
名称		单位	单价/元	消耗量			
人工	三类人工	工日	50.00	33.450	6.690	33.450	6.690
材料	聚酯清漆	kg	22.57	62.280	20.020	—	—
	聚酯色漆	kg	23.60	—	—	74.740	24.030
	聚氨酯漆稀释剂	kg	13.80	4.440	2.220	5.330	2.660
	熟桐油	kg	11.00	6.890	—	4.350	—
	溶剂油	kg	2.66	6.000	—	8.210	—
	石膏粉	kg	0.70	5.300	—	5.040	—
	大白粉	kg	0.20	18.670	—	—	—
	色粉	kg	1.20	4.200	—	—	—
	清油	kg	12.00	3.550	—	1.750	—
	木砂纸	张	0.18	60.000	6.000	60.000	6.000
	其他材料费	元	1.00	46.420	3.910	27.010	3.910

六、确定单层木门油漆工程直接费

1. 确定分项工程直接费

直接费可根据工程量和定额基价计算，其计算方法见下式：

分项工程直接费＝分项工程量×单位产品定额基价

根据以上公式，

单层木门油漆的直接费＝1.89 m^2×33.43 元/m^2＝63.18 元

2. 以预算表格的形式表达

预算表格见表 5-8。

表 5-8　工程预算表

工程名称：××小区×幢×单元×室

××建筑装饰设计工程有限公司										
工程预(决)算清单										
项目名称：×先生/女士公寓　客户电话：××××-×××××××××							公司电话： ××××年×月×日　共×页			
序号	定额编号	项目名称	工程造价				其中(单价)			备注
			单位	数量	单价	合价	材料	人工	机械	
一		木门油漆工程								
1	14－1	单层木门聚酯清漆	m^2	1.89	33.43	63.18				
		直接费				63.18				

知识链接

木门油漆按照浙江省定额的工程量计算规则可知，其工程量是按门洞口面积或门扇面积乘系数计算，在企业预算算量中木门油漆不单独计算工程量，费用已包含在木门报价中。

拓展训练

单层木门连窗调和漆三遍，尺寸如图 5-4 所示。请学生根据前面的学习，进行单层木门连窗调和漆直接费的计算。

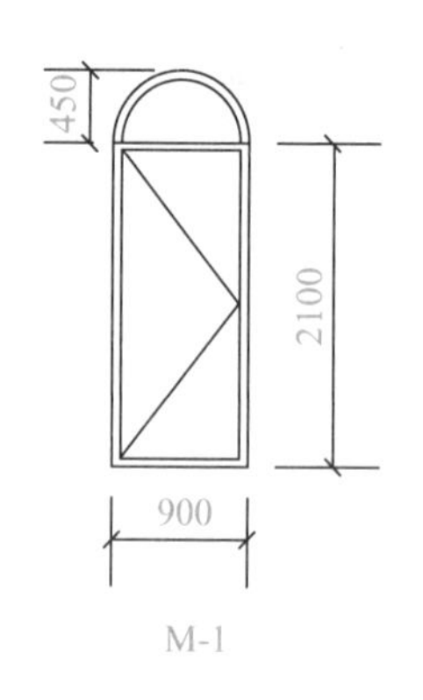

图 5-4　木门连窗平面图

(1)要求：分析图样，找出工量计算顺序和计量单位，按《浙江省建筑工程预算定额》的工程量计算规则进行工量计算，列出工量清单表，查《浙江省建筑工程预算定额》确定单价，根据要求汇总单层木门连窗直接费，列出预算表。

(2)评价：以小组为单位进行评价，5～8人为一个小组，按新任务中所列的要求一一完成，完成后利用分值标准评出优秀、良好、一般等品质。评价标准见表5-9。

表 5-9　评价标准表

项次	项目任务	评价标准	分值	项目得分
1	识别图样能力	要准确识别尺寸、单位、装饰构造、装饰材料、施工工艺	6	
2	计量顺序与单位	能合理确定施工顺序与计量单位	6	
3	工程量计算规则	要求掌握工程量的计算规则，并能正确计算工程量	6	
4	定额套用	能选择正确的定额套用方式、套取定额数量	6	
5	算分项直接费	能根据“两量”正确算出直接费	6	

项目归纳

油漆、涂料工程一般分为木门、窗油漆，木扶手、木线条、木板条油漆，其他木材面油漆，木地板油漆，金属面油漆，涂料等项目。

本分部工程项目通过乳胶漆墙面、木门油漆进行任务的分配与完成，在任务实施的过程中，了解定额的种类，定额的使用；掌握项目划分，费用组成；熟练掌握工程量规则与计算、定额量的确定，定额单价的套用与换算。

项目 6 套房预算书案例

项目描述

本项目是浙江省嘉兴市某小区的一套房，该小区位于南湖区中心地段，属于小高层，为框架结构。本套房建筑面积为 90.00 m^2，室内净高为 2.75 m^2，墙厚(计抹灰)280 mm，典型的三室两厅一卫一厨。业主要求空间利用率高，现代风格特点，硬装修(半包工包料)总造价控制在 7 万以内。主要材料：房间墙面为立邦乳胶漆，做法是满批腻子；木饰面为上海欧龙油漆；厨卫墙面、地面贴瓷砖，做法是水泥砂浆找平(做防水)，厨卫顶棚为集成吊顶，客厅顶棚为木龙骨纸面石膏板；基层板为红双喜细木工板 E1 等级，管道为伟星 PPR 管业，导线为兴塔电线。

任务 某套房直接费的确定

学习目标

(1)能正确识别套房的施工图样。

(2)懂建筑装饰材料及构造、家具施工工艺和工序。

(3)能按装修的计算规则进行工程量计算。

(4)能根据企业标准进行计价。

(5)能汇总出套房工程的直接费。

任务描述

本任务主要是学习装修工程的直接费计算，要求学生根据任务中给出的套房工程的平面、立面施工图样，根据所学的前几个项目的工程量计算方法计算每个分部分项工程的工程量，再根据浙江省企业内部预算定额中的预算单价，计算出每个分项工程的直接费，最后根据一定的取费标准进行工程造价的汇总。

任务实施

一、识读施工图样

(1)原始结构图(图 6-1)。
(2)平面布置图(图 6-2)。
(3)顶棚布置图(图 6-3)。
(4)开关布置图(图 6-4)。
(5)插座布置图(图 6-5)。
(6)客厅立面图(图 6-6)。
(7)厨房及橱柜平立面图(图 6-7)。
(8)玄关隔断柜立面图(图 6-8)。
(9)走廊储物柜平立面图(图 6-9)。
(10)主卧大衣柜平立面图(图 6-10)。
(11)次卧书柜、吊柜平立面图(图 6-11)。
(12)效果图(图 6-12)。

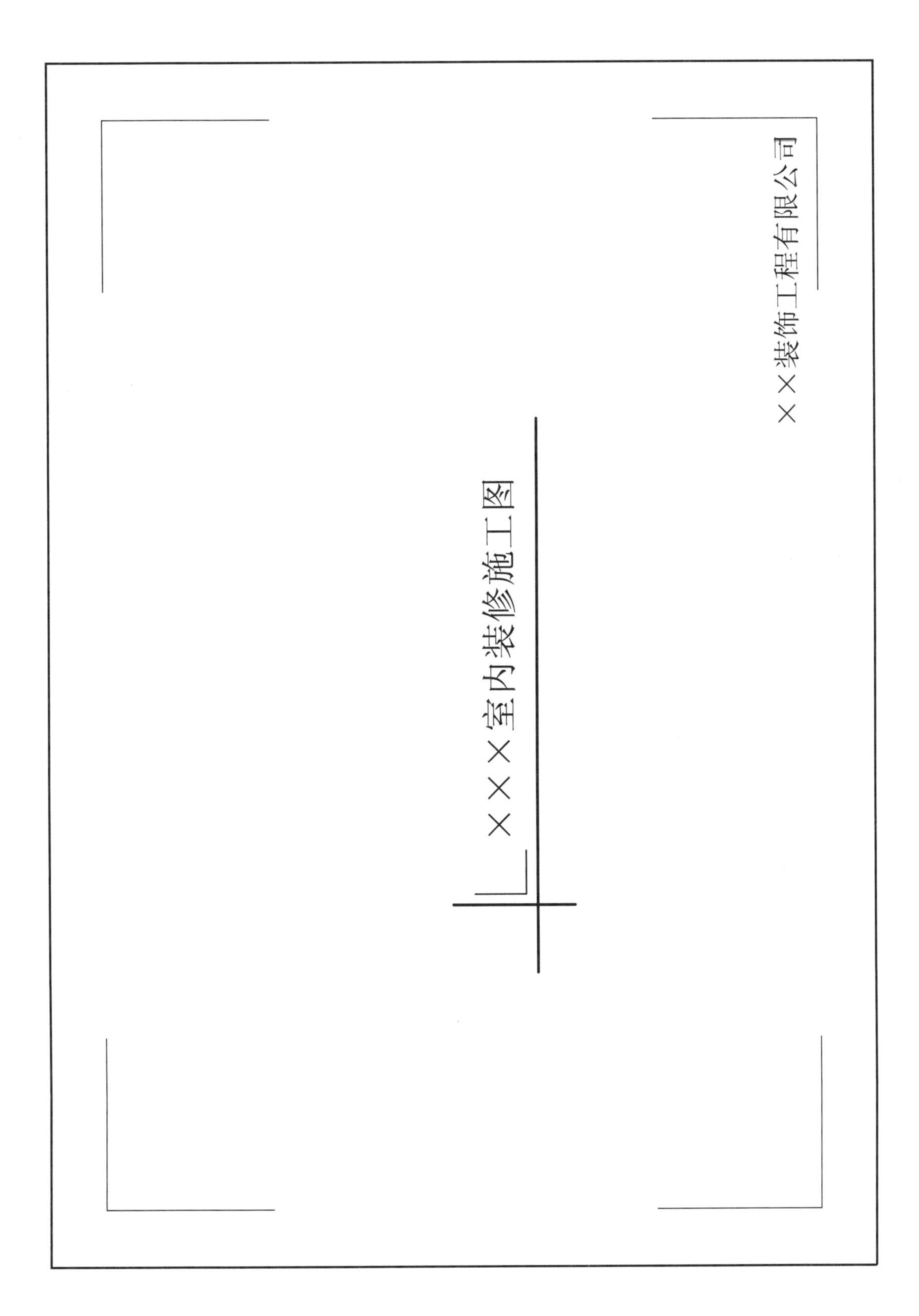
××装饰工程有限公司
×××室内装修施工图

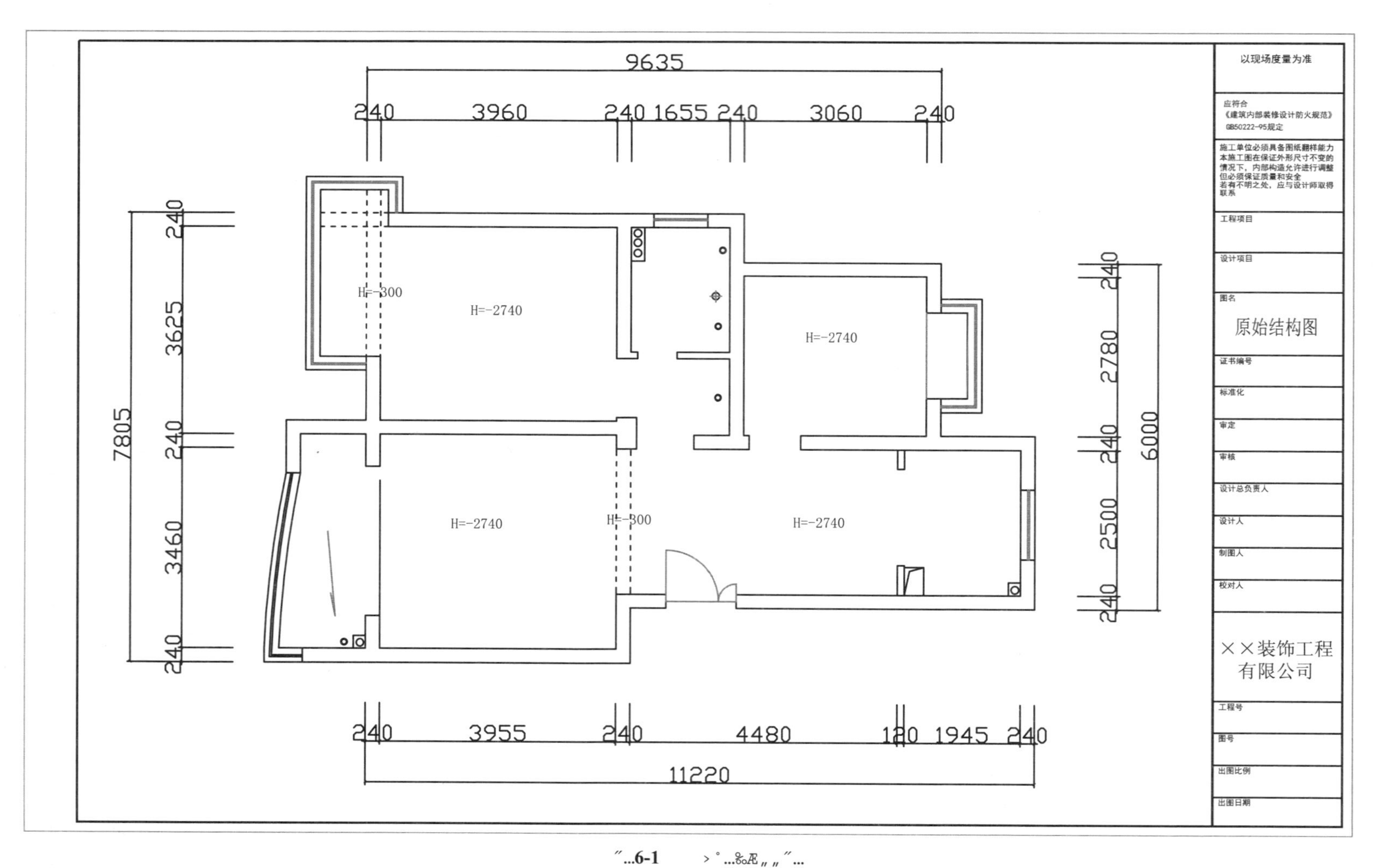
9635
240 3960 240 1655 240 3060 240
7805
240 3625 240 3460 240
H=-300
H=-2740
H=-2740
H=-2740
H=-300
H=-2740
240 2780 240 2500 240
6000
240 3955 240 4480 120 1945 240
11220
以现场度量为准
应符合
《建筑内部装修设计防火规范》
GB50222-95规定
施工单位必须具备图纸翻样能力
本施工图在保证外形尺寸不变的情况下，内部构造允许进行调整
但必须保证质量和安全
若有不明之处，应与设计师取得联系
工程项目
设计项目
图名
原始结构图
证书编号
标准化
审定
审核
设计总负责人
设计人
制图人
校对人
××装饰工程有限公司
工程号
图号
出图比例
出图日期

″...6-1 >°...‰Æ„„″...

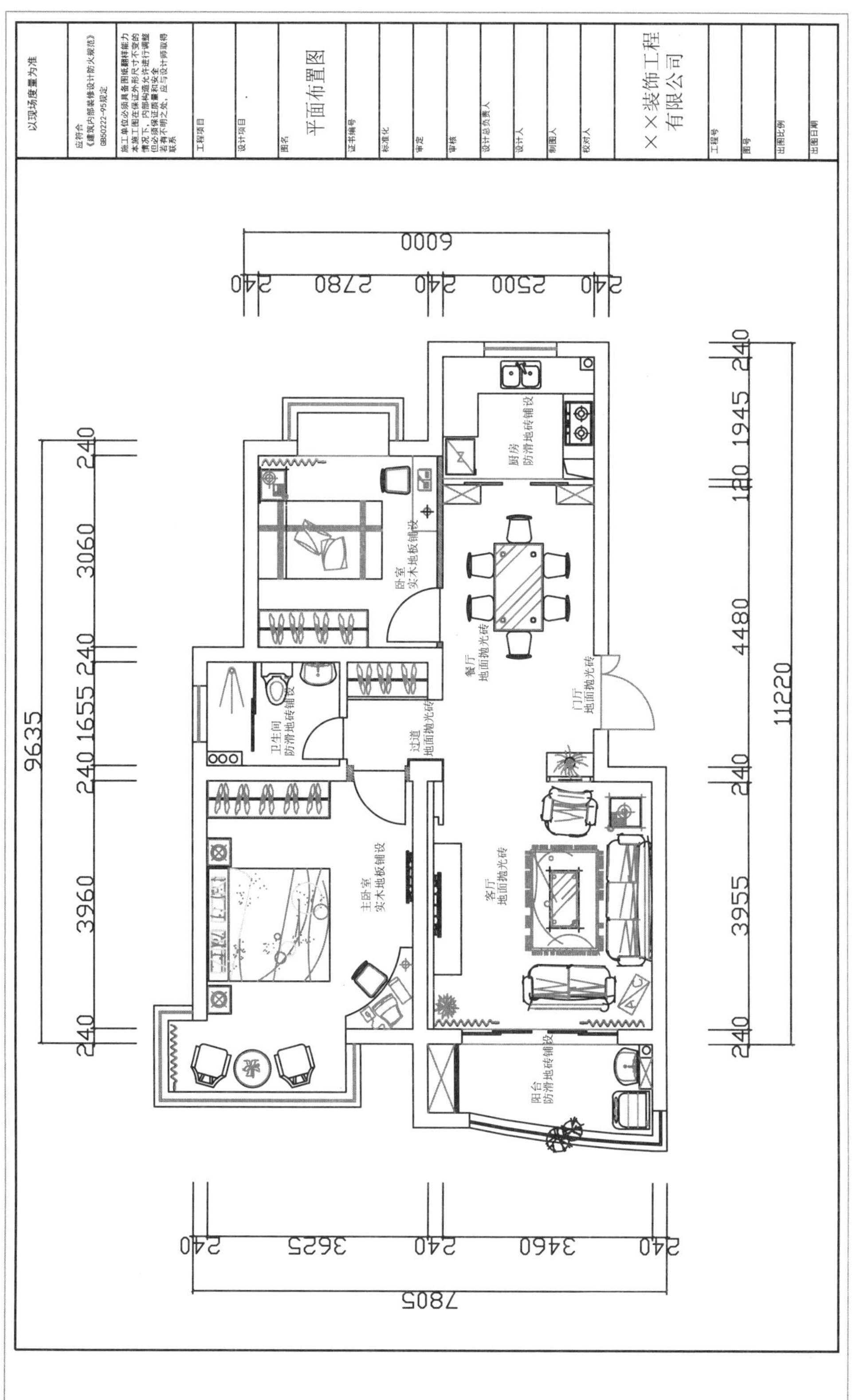
以现场度量为准
应符合《建筑内部装修设计防火规范》GB50222—95规定
平面布置图
××装饰工程有限公司
厨房 防滑地砖铺设
卧室 实木地板铺设
餐厅 地面抛光砖
门厅 地面抛光砖
卫生间 防滑地砖铺设
过道 地面抛光砖
主卧室 实木地板铺设
客厅 地面抛光砖
阳台 防滑地砖铺设
6000
240 2780 240 2500 240
9635
240 3060 240 1655 240 3960 240
11220
240 1945 120 4480 240 3955 240
7805
240 3625 240 3460 240

6-2

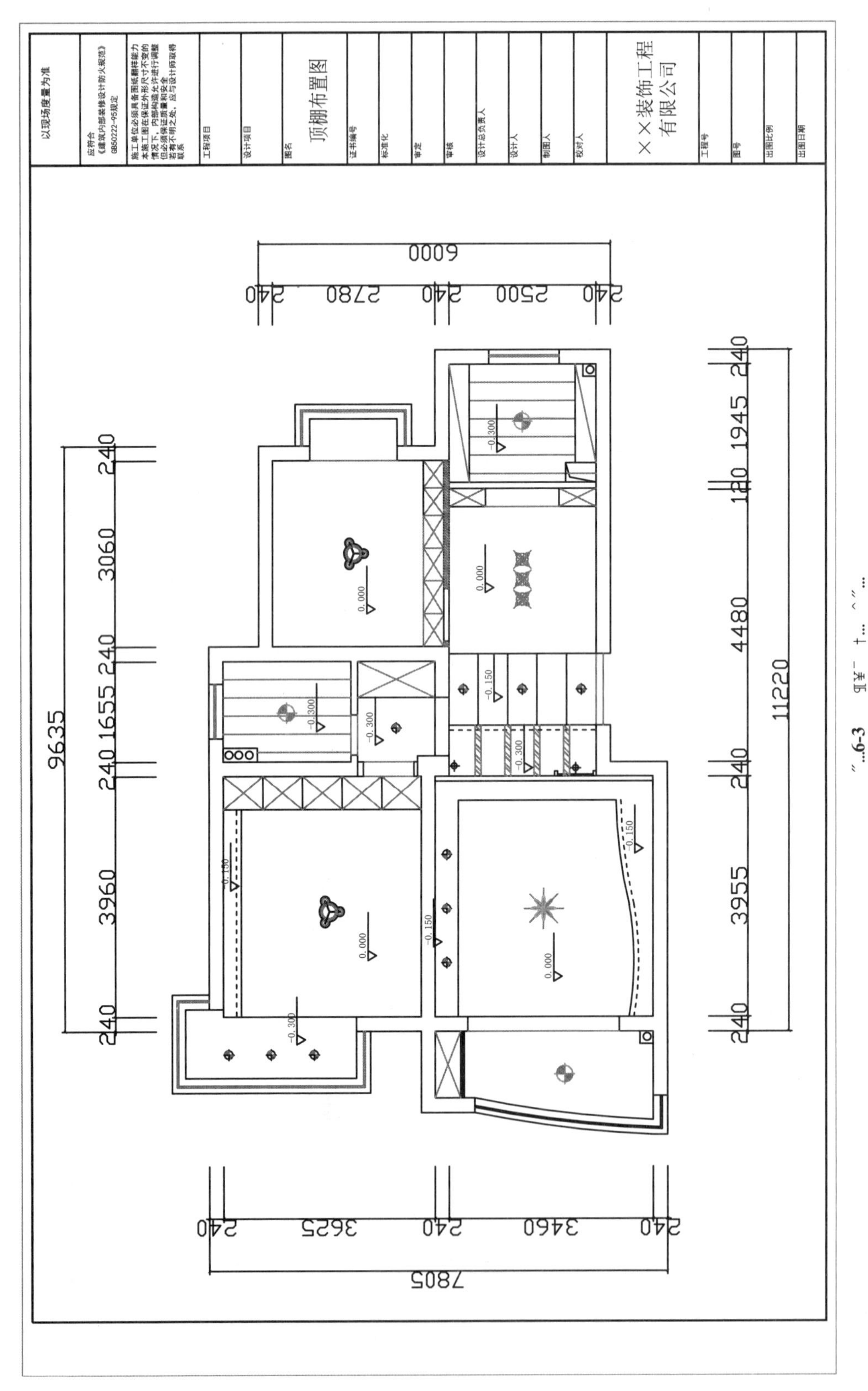
以现场度量为准
应符合《建筑内部装修设计防火规范》GB50222—95规定
工程项目
设计项目
图名
顶棚布置图
证书编号
标准化
审定
审核
设计总负责人
设计人
制图人
校对人
××装饰工程有限公司
工程号
图号
出图比例
出图日期
6000
240
2780
2500
9635
3060
1655
3960
11220
1945
120
4480
3955
7805
3625
3460
0.000
-0.150
-0.300

…6-3

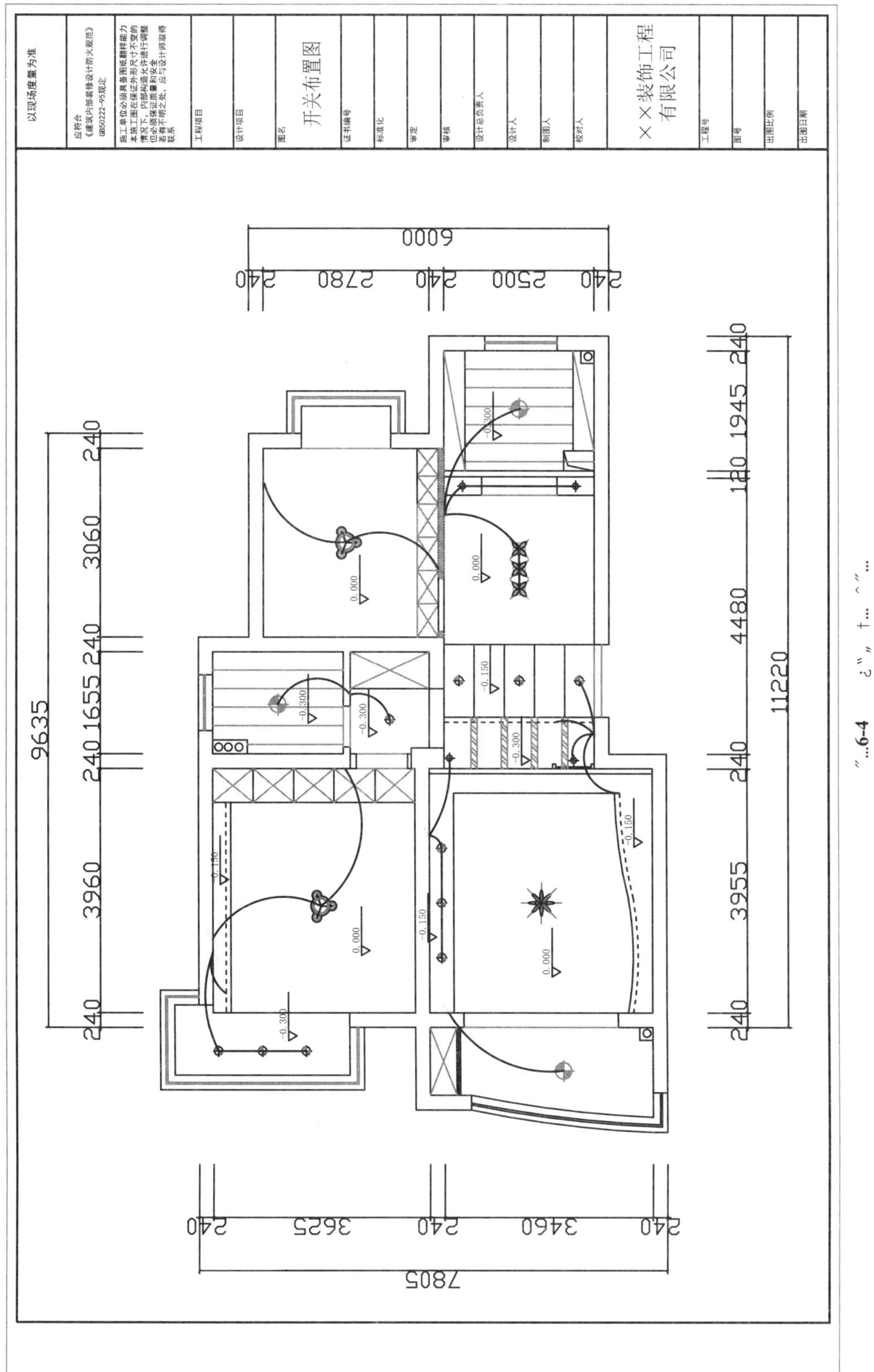
以现场度量为准
应符合
《建筑内部装修设计防火规范》
GB50222-95规定
施工单位必须具备图纸翻样能力
本施工图在保证外形尺寸不变的
情况下，内部构造允许进行调整
但必须保证质量和安全
若有不明之处，应与设计师取得
联系
工程项目
设计项目
图名
开关布置图
证书编号
标准化
审定
审核
设计总负责人
设计人
制图人
校对人
××装饰工程
有限公司
工程号
图号
出图比例
出图日期
6000
240 2780 240 2500 240
9635
240 3060 240 1655 240 3960 240
11220
240 1945 120 4480 240 3955 240
240 3625 240 3460 240
7805
0.000
-0.300
-0.150

”...6-4 ¿”„ †... ^”...

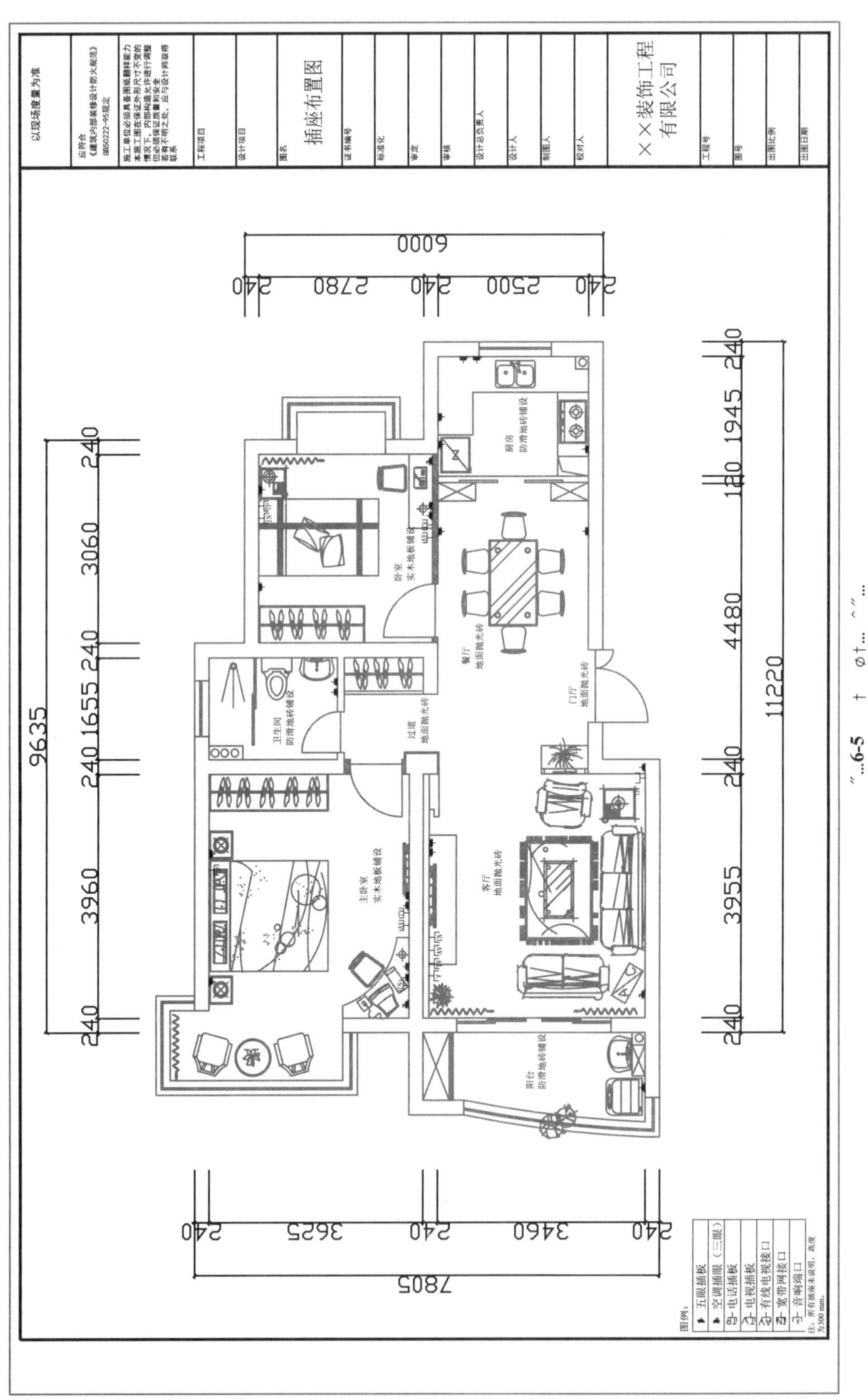

以现场度量为准
插座布置图
××装饰工程有限公司
卧室 实木地板铺设
主卧室 实木地板铺设
卫生间 防滑地砖铺设
厨房 防滑地砖铺设
餐厅 地面抛光砖
客厅 地面抛光砖
门厅 地面抛光砖
过道 地面抛光砖
阳台 防滑地砖铺设
6000
7805
9635
11220
图例：
五眼插板
空调插眼（三眼）
电话插板
电视插板
有线电视接口
宽带网接口
音响端口

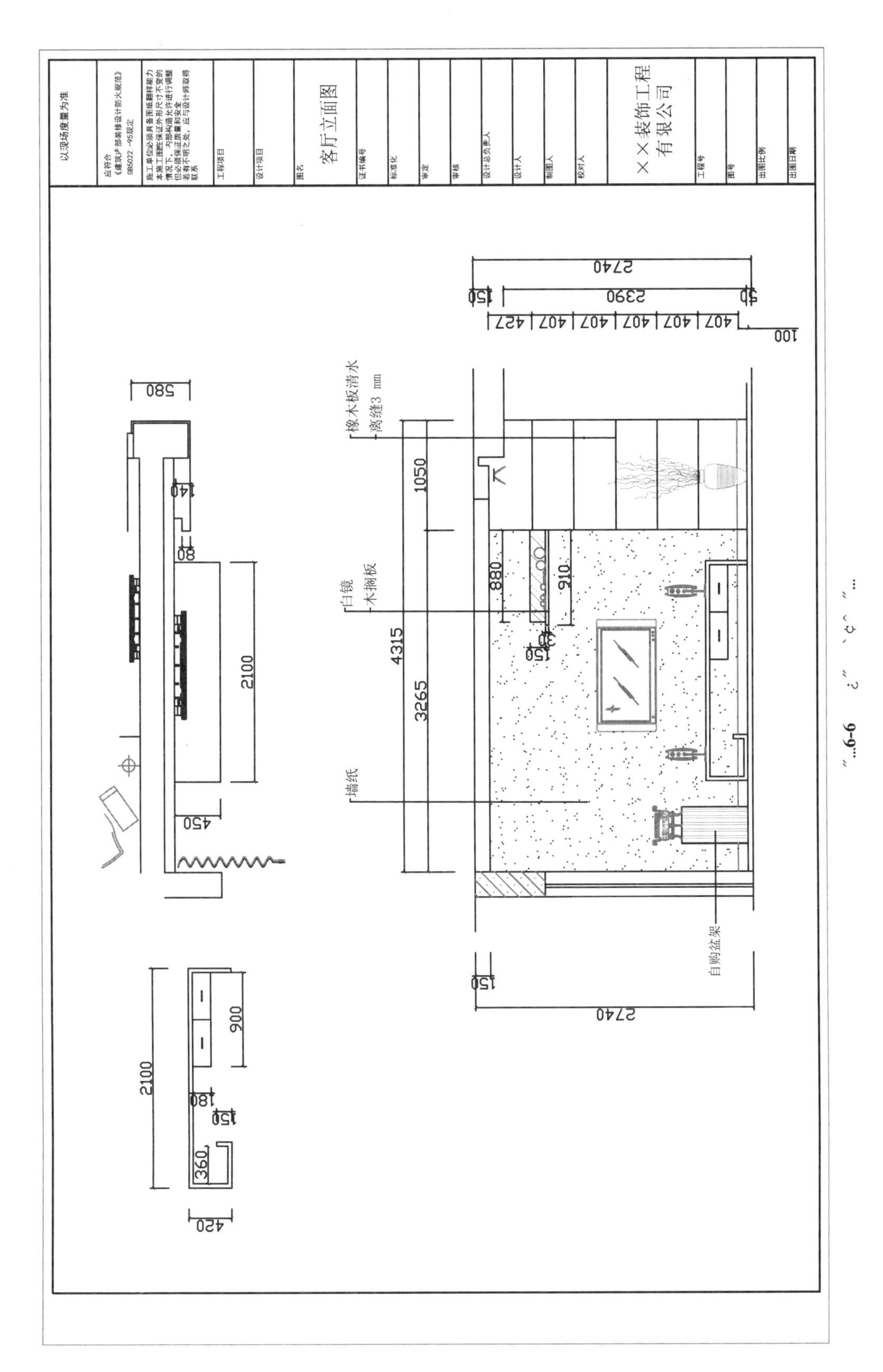

以现场度量为准
客厅立面图
××装饰工程有限公司
工程项目
设计项目
图名
证书编号
标准化
审定
审核
设计总负责人
设计人
制图人
校对人
工程号
图号
出图比例
出图日期
橡木板清水离缝3 mm
白镜
木搁板
墙纸
自购盆架
2740
2390
150
100
407
427
580
1050
880
910
4315
3265
2100
450
900
360
420

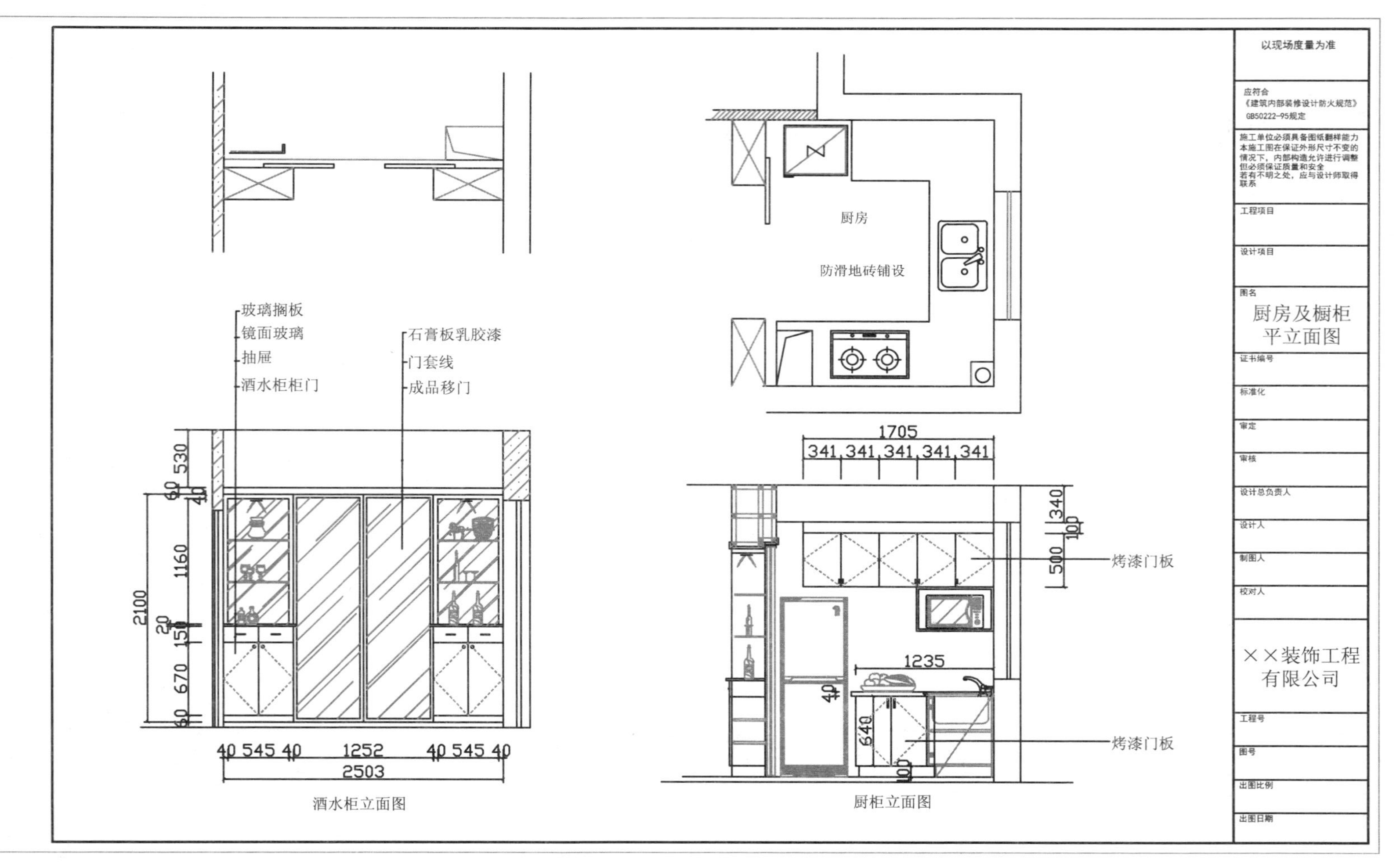
以现场度量为准
应符合《建筑内部装修设计防火规范》GB50222—95规定
工程项目
设计项目
图名
厨房及橱柜平立面图
证书编号
标准化
审定
审核
设计总负责人
设计人
制图人
校对人
××装饰工程有限公司
工程号
图号
出图比例
出图日期
厨房
防滑地砖铺设
玻璃搁板
镜面玻璃
抽屉
酒水柜柜门
石膏板乳胶漆
门套线
成品移门
酒水柜立面图
烤漆门板
烤漆门板
厨柜立面图

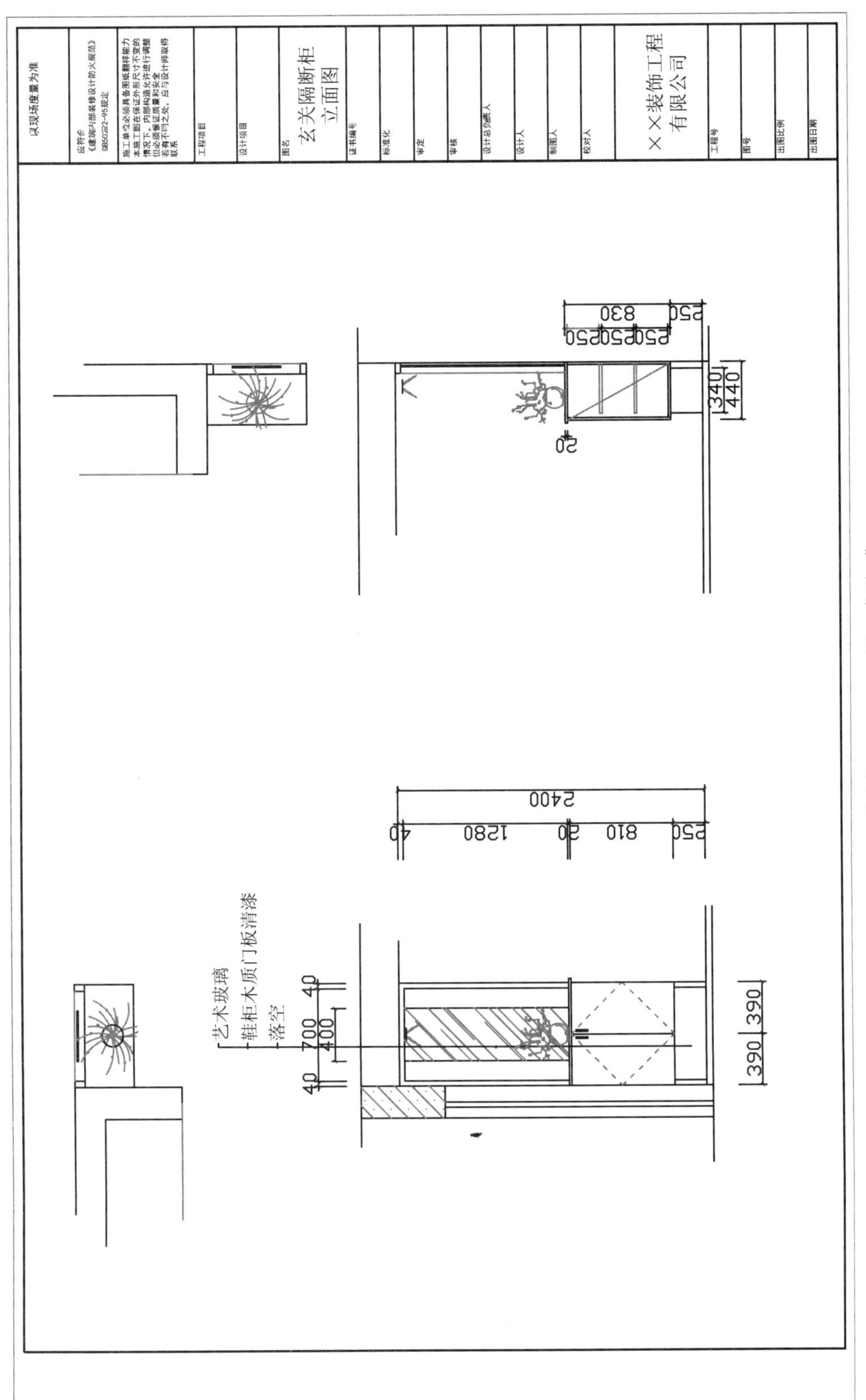
以现场度量为准
玄关隔断柜
立面图
××装饰工程
有限公司
艺术玻璃
鞋柜木质门板清漆
落空
2400
1280
810
830
440
340
390
700
400

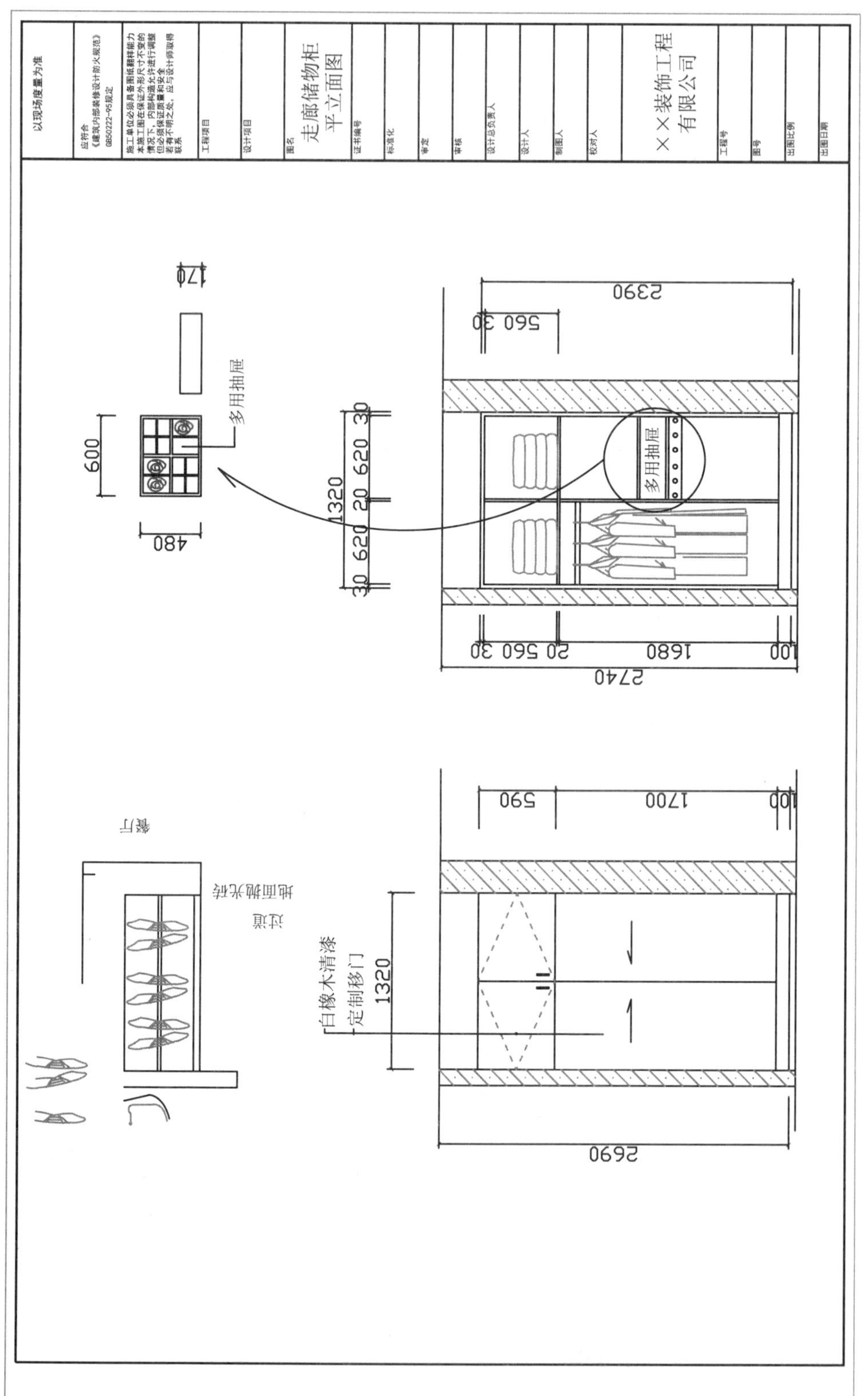
以现场度量为准
应符合《建筑内部装修设计防火规范》GB50222—95规定
工程项目
设计项目
图名
走廊储物柜平立面图
证书编号
标准化
审定
审核
设计总负责人
设计人
制图人
校对人
××装饰工程有限公司
工程号
图号
出图比例
出图日期
多用抽屉
白橡木清漆定制移门
地面抛光砖
过道
客厅
2390
560 30
1320
30 620 20 620 30
600
480
170
30 560 20 1680 100
2740
590 1700 100
2690

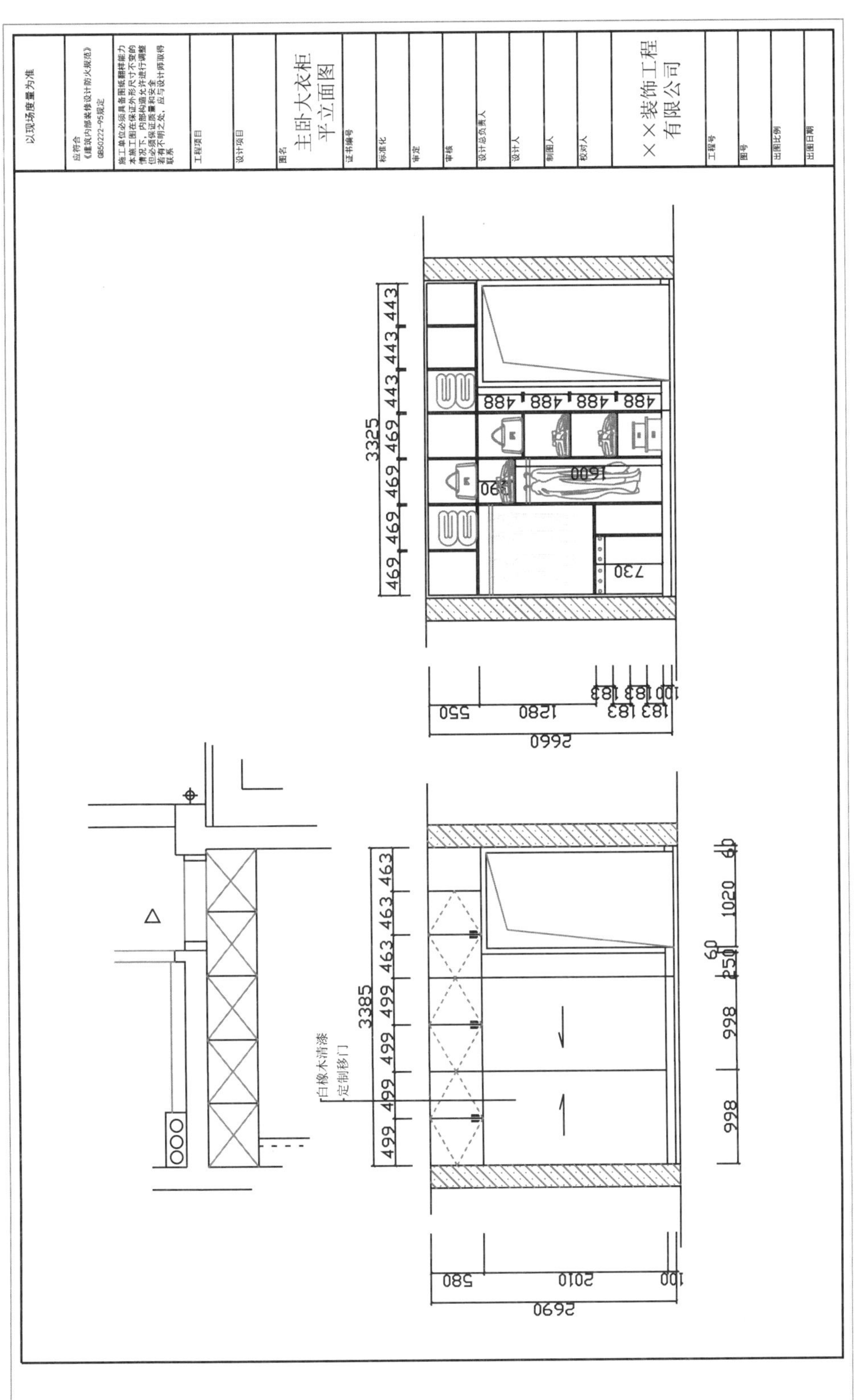
以现场度量为准
应符合《建筑内部装修设计防火规范》GB50222—95规定
工程项目
设计项目
图名
主卧大衣柜平立面图
证书编号
标准化
审定
审核
设计总负责人
设计人
制图人
校对人
××装饰工程有限公司
工程号
图号
出图比例
出图日期
白橡木清漆定制移门
3325
3385
2660
2690

6-10

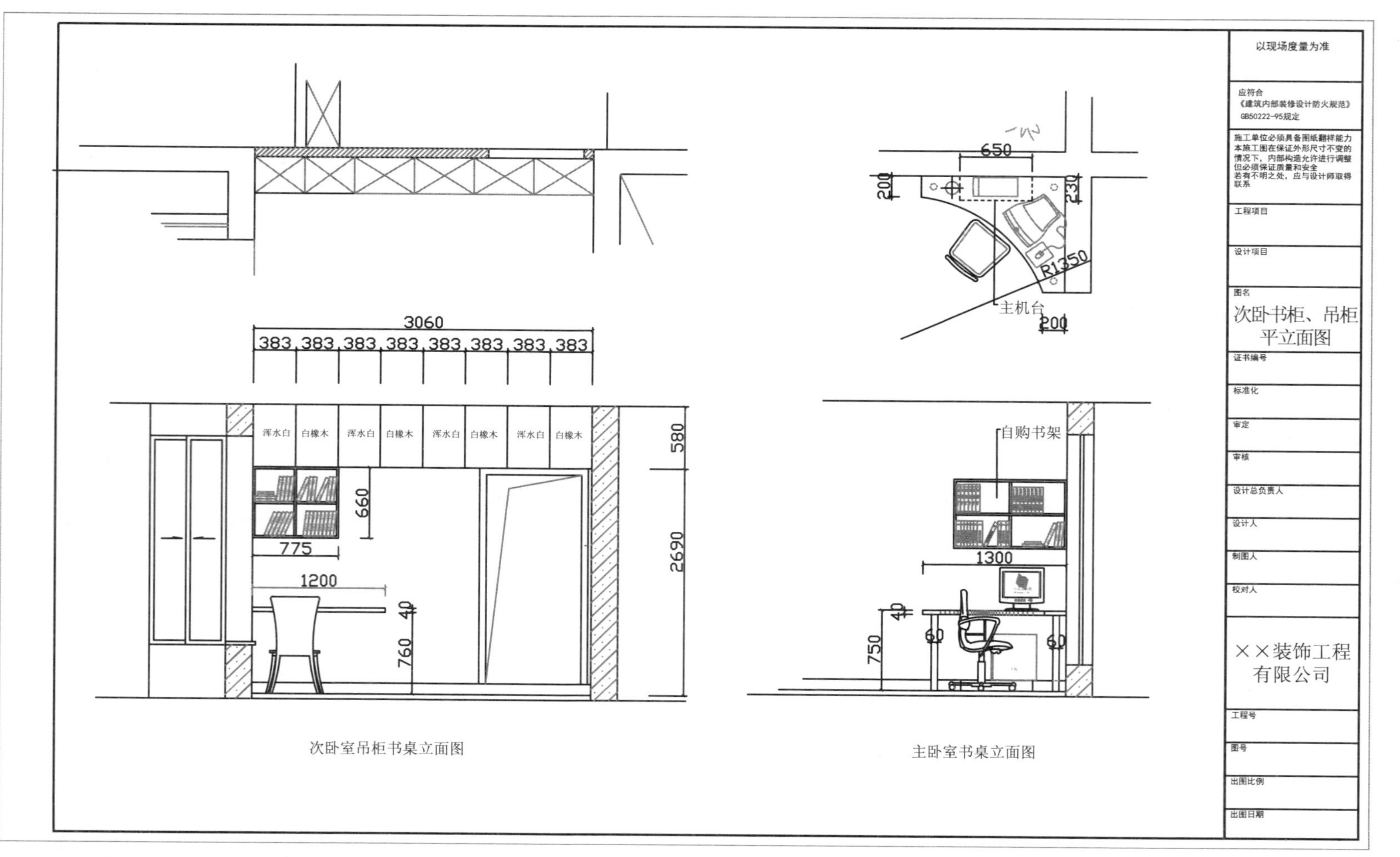

以现场度量为准
应符合
《建筑内部装修设计防火规范》
GB50222—95规定
施工单位必须具备图纸翻样能力
本施工图在保证外形尺寸不变的
情况下，内部构造允许进行调整
但必须保证质量和安全
若有不明之处，应与设计师取得
联系
工程项目
设计项目
图名
次卧书柜、吊柜平立面图
证书编号
标准化
审定
审核
设计总负责人
设计人
制图人
校对人
××装饰工程有限公司
工程号
图号
出图比例
出图日期
650
200
230
R1350
主机台
200
3060
383
383
383
383
383
383
383
383
浑水白
白橡木
浑水白
白橡木
浑水白
白橡木
浑水白
白橡木
580
660
775
2690
1200
40
760
次卧室吊柜书桌立面图
自购书架
1300
40
60
60
750
主卧室书桌立面图

6-11

图 **6-12**　效果图

二、确定施工内容

套房的施工内容同前面几个分部工程项目，包括地面工程、墙面工程、顶棚工程、家具工程、涂料油漆工程，另外还有水电安装工程、设备五金安装工程，施工流程根据图样设计。

三、确定计量顺序及计量单位

1. 确定工程量的顺序

本家具施工图样按照定额顺序计算。

2. 确定工程量的计量单位

本项目属于一般项目，表示长度用 m 作为计量单位，表示面积用 m^2 作为计量单位，表示自然计量单位用“个”“把”“只”等。

四、工程造价计算

根据以前所学的工程量计算规则进行工程量的计算、根据企业定额的内容套用定额单价，再根据取费标准取费、汇总成工程造价，最后以预算书形式输出。

表 6-1 为嘉兴市南湖区某小区室内工程预算表。

表 6-1　嘉兴市南湖区某小区室内工程预算表

序号	分部工程项目			单位	数量	材料(主材＋辅材)		人工		损耗	小计	备注
	名称					单价	合计	单价	合计	系数		
建筑面积(90.00)/m²												
一	过道、客厅											
1	墙面	主料	乳胶漆	m²	8.24	5.00	41.20	3.00	24.72	0.01	66.58	立邦时时丽乳胶漆
		辅料	批嵌腻子、砂光	m²	8.24	3.00	24.72	6.00	49.44	0.01	74.90	
2	顶面	主料	乳胶漆	m²	21.90	5.00	109.50	3.00	65.70	0.01	176.95	立邦时时丽乳胶漆
		辅料	批嵌腻子、砂光	m²	21.90	3.00	65.70	6.00	131.40	0.01	199.07	
3	地面	主料	800 mm×800 mm 抛光砖	m²	17.67	105.00	1855.35	25.00	441.75	0.03	2366.01	新中源
		辅料	水泥、黄沙	m²	17.67	25.00	441.75	0.00	0.00	0.01	446.17	
4	踢脚线	主料	细木基层饰面板面层踢脚线	m	12.97	10.00	129.70	3.00	38.91	0.03	173.67	
		辅料	水泥、黄沙	m	12.97	22.00	285.34	0.00	0.00	0.01	288.19	
5	门套	主料	木工板衬底饰面板饰面	m	6.52	40.00	260.80	10.00	65.20	0.01	329.26	阳台
		主料	饰面板门套线	m	6.52	8.00	52.16	2.00	13.04	0.01	65.85	
		辅料	环保聚酯漆	m	6.52	18.00	117.36	8.00	52.16	0.01	171.22	上海欧龙环保聚酯漆
6	电视柜	主料	木工板衬底饰面板饰面	项	1.00	500.00	500.00	180.00	180.00	0.01	686.80	
7	电视背景	主料	石膏板、墙纸饰面	项	1.00	1200.00	1200.00	450.00	450.00	0.01	1666.50	参照施工图样
8	吊顶	主料	纸面石膏板	m²	9.60	42.00	403.20	21.00	201.60	0.01	610.85	
		辅料	木龙骨基架	m²	9.60	10.00	96.00	8.00	76.80	0.01	174.53	

续表

序号	分部工程项目			单位	数量	材料（主材＋辅材）		人工		损耗	小计	备注
	名称					单价	合计	单价	合计	系数		
9	储物柜	主料	木工板衬底饰面板饰面	项	1.00	568.00	568.00	150.00	150.00	0.01	725.18	含泊漆
10	鞋柜	主料	木工板衬底饰面板饰面	项	1.00	355.00	355.00	180.00	180.00	0.01	540.35	含油漆
11	鞋柜	主料	艺术玻璃	m^2	1.00	200.00	200.00	0.00	0.00	0.01	202.00	包安装及辅料
12	门槛石	主料	中国黑石材	m	1.20	80.00	96.00	20.00	24.00	0.01	121.20	
二	餐厅											
13	墙面	主料	乳胶漆	m^2	20.15	5.00	100.75	3.00	60.45	0.01	162.81	立邦时时丽乳胶漆
		辅料	批嵌腻子、砂光	m^2	20.15	3.00	60.45	6.00	120.90	0.01	183.16	
14	顶面	主料	乳胶漆	m^2	8.10	5.00	40.50	3.00	24.30	0.01	65.45	立邦时时丽乳胶漆
		辅料	批嵌腻子、砂光	m^2	8.10	3.00	24.30	6.00	48.60	0.01	73.63	
15	地面	主料	800 mm×800 mm抛光砖	m^2	11.40	105.00	1197.00	25.00	285.00	0.03	1526.46	新中源
		辅料	水泥、黄沙	m^2	11.40	22.00	250.80	0.00	0.00	0.01	253.31	
16	踢脚线	主料	细木基层饰面板面层踢脚线	m	6.84	10.00	68.40	3.00	20.52	0.03	91.59	
		辅料	水泥、黄沙	m	6.84	22.00	150.48	0.00	0.00	0.01	151.98	
17	门套	主料	木工板衬底饰面板饰面	m	15.72	40.00	628.80	10.00	157.20	0.01	793.86	进门、厨房、过厅、次卧
		主料	饰面板门套线	m	15.72	8.00	125.76	2.00	31.44	0.01	158.77	
		辅料	环保聚酯漆	m	15.72	18.00	282.96	8.00	125.76	0.01	412.81	上海欧龙环保聚酯漆

续表

序号	分部工程项目			单位	数量	材料(主材+辅材)		人工		损耗	小计	备注
	名称					单价	合计	单价	合计	系数		
18	酒水柜	主料	木工板衬底饰面板饰面	项	2.00	385.00	770.00	150.00	300.00	0.01	1080.70	含油漆，镜面玻璃
三	主卧											
19	墙面，顶面	主料	乳胶漆	m^2	48.49	5.00	242.45	3.00	145.47	0.01	391.80	立邦时时丽乳胶漆
		辅料	批嵌腻子、砂光	m^2	48.49	3.00	145.47	6.00	290.94	0.01	440.77	
20	地面	主料	实木地板	m^2	17.22	285.00	4907.70	0.00	0.00	0.03	5054.93	包安装及辅料
		辅料	松木地垄	m^2	17.22	25.00	430.50	0.00	0.00	0.01	434.81	包安装及辅料
21	踢脚线	主料	成品	m	11.58	20.00	231.60	0.00	0.00	0.03	238.55	包安装及辅料
22	工艺门	主料	（定做）	扇	1.00	220.00	220.00	70.00	70.00	0.01	292.90	含实木包边，木质夹板门
		辅料	环保聚酯漆	m^2	3.40	28.00	95.20	16.00	54.40	0.01	151.10	上海欧龙环保聚酯漆
		辅料	铰链、门吸	副	1.00	30.00	30.00	10.00	10.00	0.01	40.40	
23	门套	主料	木工板衬底饰面板饰面	m	5.10	35.00	178.50	10.00	51.00	0.01	231.80	
		主料	饰面板门套线	m	5.10	8.00	40.80	2.00	10.20	0.01	51.51	
		辅料	环保聚酯漆	m	5.10	18.00	91.80	8.00	40.80	0.01	133.93	上海欧龙环保聚酯漆
24	衣柜	主料	杉木集成板、饰面板	m^2	4.62	220.00	1016.40	80.00	369.60	0.01	1399.86	
		主料	钛合金移门(自购)	m^2	4.62	165.00	762.30	0.00	0.00	0.01	769.92	
		辅料	环保聚酯漆	m^2	4.62	30.00	138.60	16.00	73.92	0.01	214.65	上海欧龙环保聚酯漆

续表

序号	分部工程项目			单位	数量	材料（主材＋辅材）		人工		损耗	小计	备注
	名称					单价	合计	单价	合计	系数		
25	吊柜	主料	木工板衬底饰面板饰面	项	1.00	550.00	550.00	300.00	300.00	0.01	858.50	
26	三角书柜	主料	木工板衬底饰面板饰面	项	1.00	315.00	315.00	155.00	155.00	0.01	474.70	
27	门槛石	主料	中国黑石材	m	0.86	80.00	68.80	20.00	17.20	0.01	86.86	
四	次卧											
28	墙面，顶面	主料	乳胶漆	m^2	31.28	5.00	156.40	3.00	93.84	0.01	252.74	立邦时时丽乳胶漆
		辅料	批嵌腻子、砂光	m^2	31.28	3.00	93.84	6.00	187.68	0.01	284.34	
29	地面	主料	实木地板	m^2	8.51	285.00	2425.35	0.00	0.00	0.03	2498.11	包安装及辅料
		辅料	松木地垄	m^2	8.51	25.00	212.75	0.00	0.00	0.01	214.88	包安装及辅料
30	踢脚线	主料	成品	m	10.18	20.00	203.60	0.00	0.00	0.03	209.71	包安装及辅料
31	工艺门	主料	（定做）	扇	1.00	220.00	220.00	70.00	70.00	0.01	292.90	含实木包边，木质夹板门
		辅料	环保聚酯漆	m^2	3.40	28.00	95.20	16.00	54.40	0.01	151.10	上海欧龙环保聚酯漆
		辅料	铰链、门吸	副	1.00	30.00	30.00	10.00	10.00	0.01	40.40	
32	门套	主料	木工板衬底饰面板饰面	m	5.10	35.00	178.50	10.00	51.00	0.01	231.80	
		主料	饰面板门套线	m	5.10	8.00	40.80	2.00	10.20	0.01	51.51	
		辅料	环保聚酯漆	m	5.10	18.00	91.80	8.00	40.80	0.01	133.93	上海欧龙环保聚酯漆
33	吊柜	主料	木工板衬底饰面板饰面	项	1.00	580.00	580.00	315.00	315.00	0.01	903.95	

续表

序号	分部工程项目			单位	数量	材料（主材＋辅材）		人工		损耗	小计	备注
	名称					单价	合计	单价	合计	系数		
34	大衣柜	主料	杉木集成板、饰面板	m^2	4.15	300.00	1245.00	100.00	415.00	0.01	1676.60	
		辅料	环保聚酯漆	m^2	4.15	30.00	124.50	16.00	66.40	0.01	192.81	上海欧龙环保聚酯漆
35	1.3 双人床			件	1.00	1380.00	1380.00	0.00	0.00	0.01	1393.80	
36	折叠书桌	主料	木工板衬底饰面板饰面	项	1.00	320.00	320.00	150.00	150.00	0.01	474.70	
37	大理石窗台板	主料	莎安娜大理石	m^2	1.20	175.00	210.00	38.00	45.60	0.01	258.16	含磨边
38	门槛石	主料	中国黑石材	m	0.86	80.00	68.80	20.00	17.20	0.01	86.86	
五	厨房											
39	顶面	主料	集成吊顶	m^2	3.60	120.00	432.00	0.00	0.00	0.01	436.32	
		辅料	木龙骨基架	m^2	3.60	11.00	39.60	5.00	18.00	0.01	58.18	
40	墙面	主料	300 mm×450 mm 墙面砖	m^2	9.93	58.00	575.94	22.00	218.46	0.03	818.23	新中源
		辅料	水泥、黄沙	m^2	9.93	22.00	218.46	0.00	0.00	0.01	220.64	
41	移门	主料	钛合金移门	m^2	2.50	180.00	450.00	0.00	0.00	0.01	454.50	
42	门套	主料	木工板衬底饰面板饰面	m	5.74	35.00	200.90	10.00	57.40	0.01	260.88	
		主料	饰面板门套线	m	5.74	8.00	45.92	2.00	11.48	0.01	57.97	
		辅料	环保聚酯漆	m	5.74	18.00	103.32	8.00	45.92	0.01	150.73	上海欧龙环保聚酯漆
43	地面	主料	300 mm×300 mm 抛光砖	m^2	2.23	60.00	133.80	25.00	55.75	0.03	195.24	新中源

续表

序号	分部工程项目			单位	数量	材料(主材＋辅材)		人工		损耗	小计	备注
	名称					单价	合计	单价	合计	系数		
87	垃圾清运费			m^2	90.00	0.00	0.00	2.00	180.00		180.00	施工过程所产生的垃圾，按建筑面积计
88	零星修补综合			项	0.00	0.00	0.00	0.00	0.00		0.00	楼道外墙处理一下
89	小五金安装			项	1.00	0.00	0.00	150.00	150.00		150.00	全居室小五金安装
	直接费										67204.58	
1	设计费		30 元/m^2	元							0.00	签施工合同免
2	管理费	8.00%		元							5376.37	
3	税金	6.00%	业主自理	元							0.00	不开发票免
	工程造价										72580.95	

注：本公司前期免费提供平面方案和初步预算，未交定金(或签订施工合同)时，本预算不得带出。

知识链接

本套房的主要内容是硬装修和水电设备安装，特别是水电及设备的安装之前的任务里没有涉及，住宅的水电设备计量与计价不同于公共场所的水电设备，它的重要依据是市场上的价格和项目本身的特点，一般由企业内部进行定价和定量，每个企业的标准也存在很大差异，没有统一的标准。本项目是根据项目的具体情况而进行计量与计价的，另外装饰企业在报价时也有很大的弹性空间，根据业主的不同情况进行相应的报价，此案例只作参考，不能作为计量计价的标准。

拓展训练

图 6-13 至图 6-18 是某公寓房卧室，本任务要求以一个房间作为一个装修项目，根据浙江省 2010 年定额标准进行计量与计价，根据当前地方取费标准进行取费，最后汇总成预算表格。

1. 工程概况

本工程为某一层公寓房的卧室装饰工程，位于浙江省嘉兴市南湖区巴黎都市小区，建筑结构为框架结构。

2. 编制依据

(1)2010 年《浙江省建设工程定额》(装饰部分)。

(2)2010 年《浙江省建筑安装工程费用定额》(装饰部分)。

(3)其他有关经济文件。

3. 其他有关说明事项

(1)本预算不包括电气照明、水暖、自购家具等项目。

(2)定额中价格需要调整的项目，根据差价换算法进行换算；需要乘系数的进行系数换算；并在编号前写个“换”字。

(3)承、发包双方合同签订施工期限为 2015 年 9 月 1 日至 10 月 31 日，定价方式为可调价款。人工费按 60 元/工日进行调整。

(4)承包单位位于嘉兴市南湖区。

注：本工程地面采用硬木长条免漆实木地板，铺于 30 mm×40 mm 木楞上；地板为非洲柚木，市场价格为 295 元/m^2；门窗套、家具的饰面为柚木装饰夹板，夹板的价格为 70 元/张；细木工板为千年舟 E1 等级，市场价为 110 元/张；门为平面普通装饰夹板实心门；大衣柜框架采用杉木集成板制作，市场价为 126 元/张；大衣柜移门市场价 230 元/m^2；实木线条收边。本工程家具(门及门窗套面层)漆为聚酯清漆 5 遍，木线聚酯清漆磨退 5 遍，墙面乳胶漆 3 遍；人造板材规格 1220 mm×2240 mm。

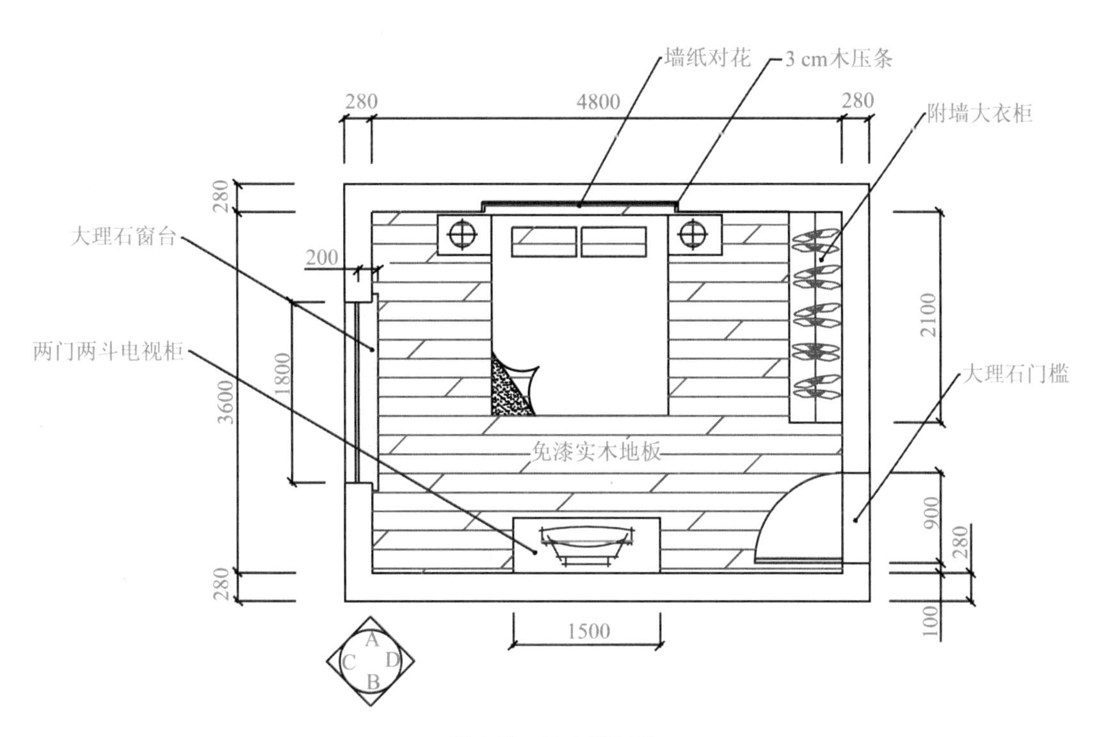

图 6-13　卧室平面图

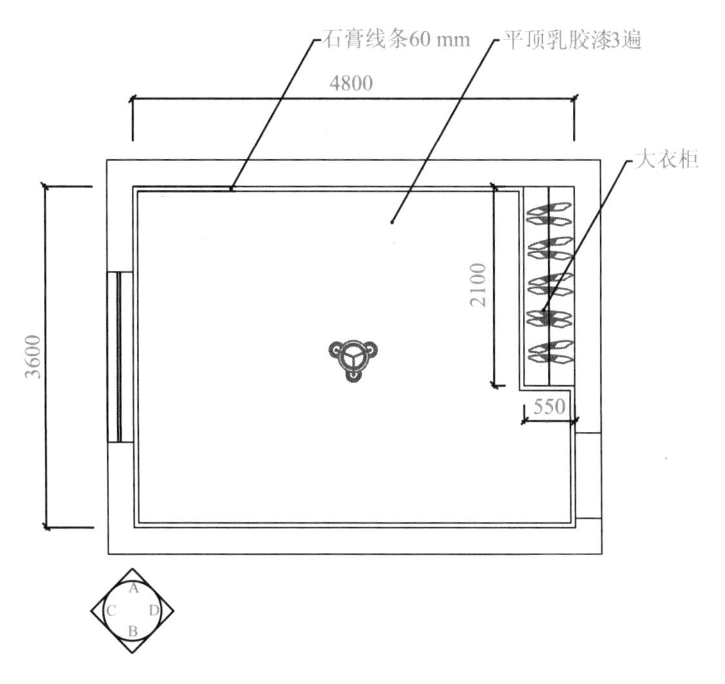

图 6-14　卧室顶棚图

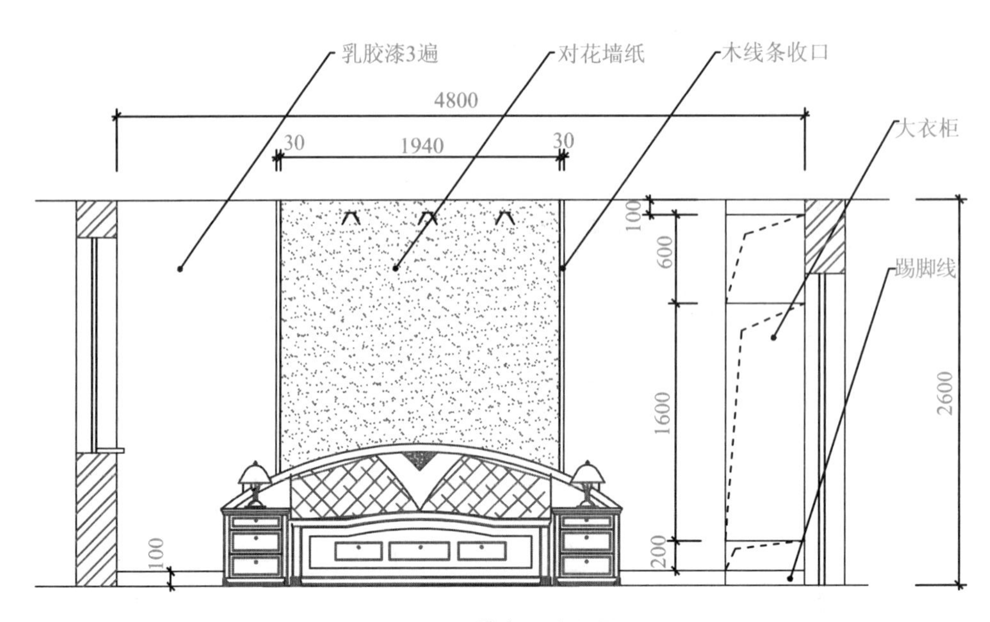

图 6-15　卧室 A 立面图

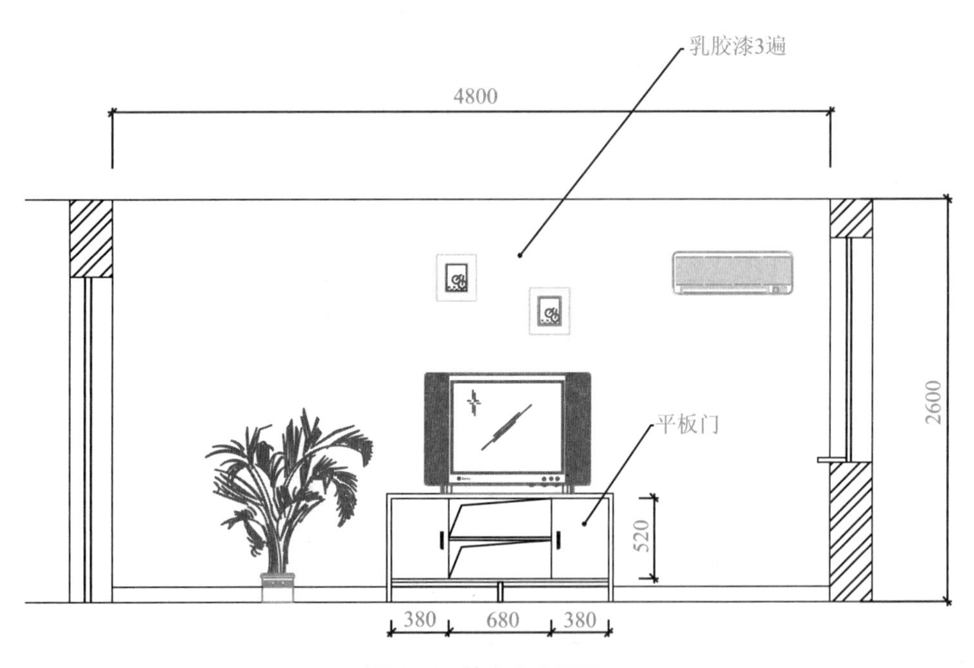

图 6-16　卧室 B 立面图

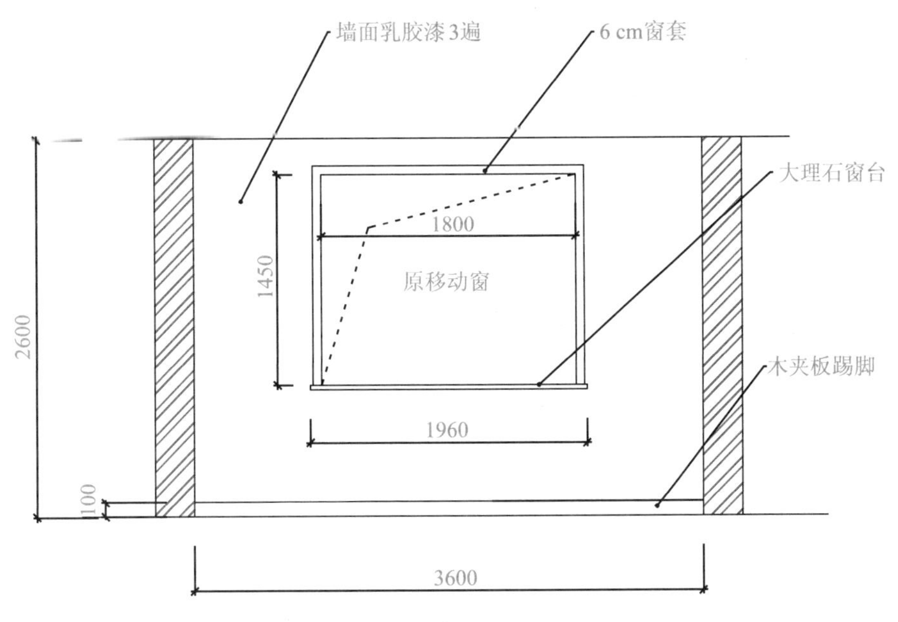

图 6-17　卧室 C 立面图

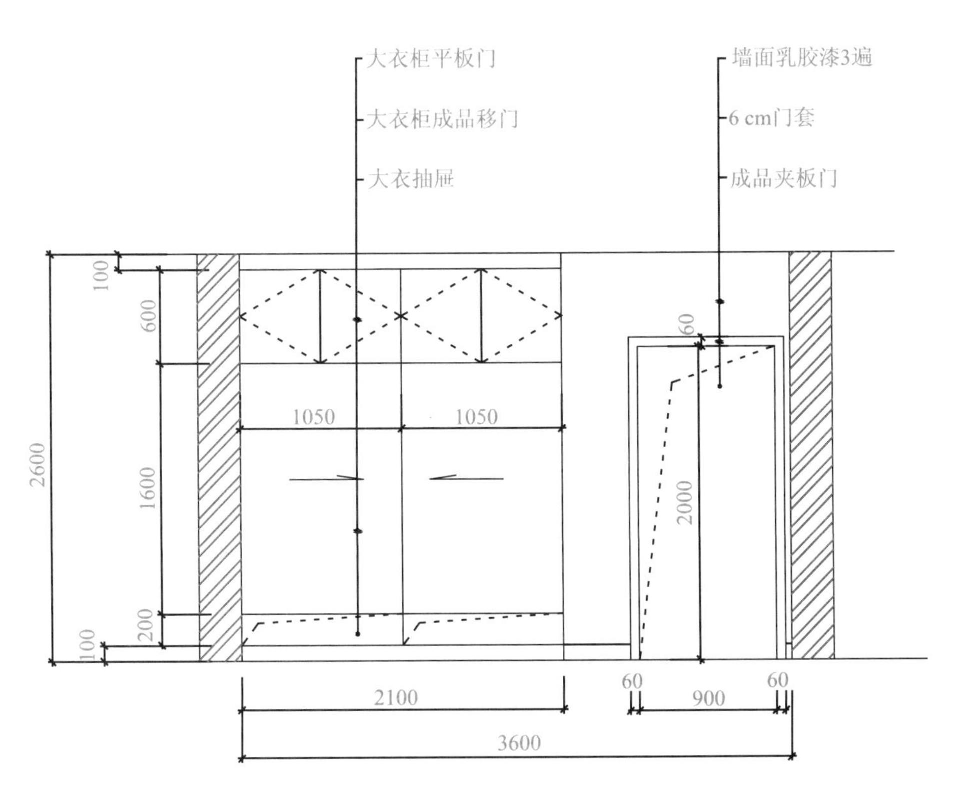

图 6-18　卧室 D 立面图

(1)要求：找出工量计算顺序和计量单位，按《浙江省建筑工程预算定额》的工程量计算规则进行工量计算，列出工量清单表，查《浙江省建筑工程预算定额》确定单价，根据要求汇总套房室内装修工程直接费，列出预算表。

(2)评价：以小组为单位进行评价，5～8人为一个小组，按所列的要求一一完成，完成后利用分值标准评出优秀、良好、一般等品质。评价标准见表6-2。

表6-2　评价标准表

项次	项目任务	评价标准	分值	项目得分
1	识别施工图样	熟悉施工内容、装饰材料、施工做法	5	
2	工程量计算	要求掌握工程量的计算规则，并能正确计算工程量	5	
3	单价计价	能用企业的价格标准进行计价	5	
4	算分项直接费	能正确计算出工程直接费	5	
5	汇总工程造价	根据地方标准进行费用取费、合工程造价	5	
6	团队合作	能有良好的团队精神、分工明确	5	

项目归纳

每个装修企业都有内部的定额标准和计量标准，每个装修工程都具备自身的特点，施工现场情况复杂多变，作为企业工程造价人员不但要熟读图样、懂施工工艺和装修材料，还要了解地方政策法规、计价标准、企业计价标准、合同等相关文件，在计量与计价过程中依据材料市场、施工现场情况进行调整，同时还要参考业主的心理价位进行报价，装修工程的计量与计价方式方法多样，造价工程师根据具体情况选择适合本项目的方法。

附　录

项目 6 拓展训练之答案

室内装饰工程造价汇总表

项次	费用名称	计费基础	费率/%	金额/元
(一)	直接费	$\sum$(室内装饰分项工程工量×定额单价)		10993.00
(二)	管理费	(一)	8	879.44
(三)	税金	(一)+(二)	3.513	417.08
(四)	装饰工程预算造价	(一)+(二)+(三)		12289.52

公寓房装饰工程量计算表

序号	定额编号	分项工程名称	计算式	单位	工程量
		地面工程			
1	换 10—52	实木地板	4.8×3.6=	m^2	17.28
2	换 10—69	装饰夹板(直形)踢脚线	[(4.8+3.6)×2—0.9]×0.01=	m^2	0.159
3	10—16	大理石门槛	0.9×0.28=	m^2	0.252
		墙面工程			
4	14—165/14—166	墙面乳胶漆三遍(每增一遍)	[(4.8+3.6)×2—2.1—2.0]×2.5—0.9×2—1.45×1.8=	m^2	27.34
5	14—185	对花墙纸	2.0×2.5=	m^2	5.00
6	15—72	墙面木质压线	3.0×2=	m	6.00
		顶棚工程			
7	14—165/14—166	顶棚乳胶漆三遍	4.8×3.6—2.1×0.55=	m^2	16.13
8	15—99	石膏顶角线	(4.8+3.6)×2=	m	16.80
		门窗工程			
9	换 13—122	双边门套基层	(2.0×2+0.9)×0.28=	m^2	1.37
10	换 13—126	门套柚木夹板面层	(2.0×2+0.9)×0.28=	m^2	1.37
11	15—73	6 cm 门套线	(2.0×2+0.9)×2=	m	9.80
12	15—71	3 cm 门边线	2.0×2+0.9	m	4.90
13	14—75 14—76	门套面层聚酯清漆 5 遍	(2.0×2+0.9)×0.28=	m^2	1.37
14	14—60	门套线聚酯清漆 5 遍	(2.0×2+0.9)×2+2.0×2+0.9=	m	14.70
15	换 13—123	单边窗套基层	(1.45×2+1.8)×0.14=	m^2	0.66

续表

序号	定额编号	分项工程名称	计算式	单位	工程量
16	换 13－126	窗套柚木夹板面层	(1.45×2＋1.8)×0.14＝	m^2	0.66
17	15－73	6 cm 窗套线	1.45×2＋1.8＝	m	4.70
18	14－75 14－76	窗套面层聚酯清漆 5 遍	(1.45×2＋1.8)×0.14＝	m^2	0.66
19	14－60	窗套线聚酯清漆 5 遍	1.45×2＋1.8＝	m	4.70
20	换 13－16	平面普通装饰夹板实心门	0.9×2＝	m^2	1.80
21	14－75 14－76	门板聚酯清漆	0.9×2×2＝	m^2	3.60
22	15－72	木质门板收边线	(0.9＋2.0)×2＝	m	5.80
23	14－60	门板收边线条聚酯漆 5 遍	0.9×2×2＝	m	3.60
24	15－86	大理石窗台板	1.96	m	1.96
25	15－92	大理石窗台板磨边	1.96	m	1.96
		家具工程			
26	换 15－15	杉木集成板衣柜框架	2.1×2.6＝	m^2	5.46
27	15－66	涂装木线条收边	(2.5＋2.1)×3＝	m	13.80
28	协价	衣柜成品移门(含 5 金)	2.1×1.6＝	m^2	3.36
29	换 15－41	衣柜平板门	2.1×0.6＝	m^2	1.26
30	14－75 14－76	衣柜平板门聚酯清漆 5 遍	2.1×0.6＝	m^2	1.26
31	15－66	衣柜平板门涂装木线收边	(1.05＋0.60)×2×2＝	m	6.60
32	换 15－25	两门两斗电视柜框架	1.5	m	1.50
33	15－72	3 cm 木线收边	(1.5＋0.7)×2×2＝	m	8.80
34	15－71	2 cm 木线收边	0.52×2＋0.68＝	m	1.72
35	换 15－41	电视柜平板门	0.52×0.38×2＝	m^2	0.40
36	14－75 14－76	电视柜平板门聚酯清漆 5 遍	0.52×0.38×2＝	m^2	0.40
37	14－60	电视柜收边线聚酯清漆 5 遍	(1.5＋0.7)×2×2＋0.52×2＋0.68＝	m	10.52
		小五金略			

工程预算表

工程地址：南湖区中环南路、中环东路

××建筑装饰设计工程有限公司										
工程预(决)算清单										
工程名称：巴黎都市　　客户电话：							公司电话： ××××年×月×日　共×页			
序号	定额编号	项目名称	工程造价				其中(单价)			
			单位	数量	单价	合价	材料	人工	机械	备注
一		地面工程								
1	换10－52	实木地板铺在木楞上	m^2	17.28	334.94	5787.76				非洲柚木，市场价295元/m^2
2	换10－69	装饰夹板(直形)踢脚线	m^2	1.59	36.61	58.20				柚木夹板的价格为70元/张
3	10－16	大理石门槛	m^2	0.252	141.90	35.76				
		墙面工程								
4	14－165 14－166	墙面乳胶漆二遍 每增一遍	m^2	27.34	16.25	444.28				二遍＋每增一遍价格
5	14－185	对花墙纸	m^2	5.00	23.24	116.20				
6	15－72	墙面木质压线	m	6.00	10.18	61.08				4 cm内
		顶棚工程								
7	14－165 14－166	顶棚乳胶漆二遍 每增一遍	m^2	16.13	16.25	262.11				二遍＋每增一遍价格
8	15－99	石膏顶角线	m	16.80	6.85	115.08				
		门窗工程								
9	换13－122	双边门套基层	m^2	1.37	75.26	103.10				千年舟E1等级，市场价为110元/张
10	换13－126	门套柚木夹板面层	m^2	1.37	36.50	50.00				柚木夹板的价格为70元/张
11	15－73	6 cm门套线	m	9.80	24.88	243.82				
12	15－71	3 cm门边线	m	4.90	4.25	20.83				
13	14－75 14－76	门套面层聚酯清漆3遍 每增一遍	m^2	1.37	30.26	41.46				3遍＋2个每增一遍价格
14	14－60	门套线聚酯清漆磨退5遍	m	14.70	6.74	99.08				

续表

序号	定额编号	项目名称	工程造价				其中(单价)			
			单位	数量	单价	合价	材料	人工	机械	备注
15	换 13—123	单边窗套基层	m^2	0.66	52.02	34.33				千年舟 El 等级,市场价为 110 元/张
16	换 13—126	窗套柚木夹板面层	m^2	0.66	36.50	24.09				柚木夹板的价格为 70 元/张
17	15—73	6 cm 窗套线	m	4.70	24.88	116.94				
18	14—75 14—76	窗套面层聚酯清漆 3 遍 每增一遍	m^2	0.66	30.26	19.97				3 遍 + 2 个每增一遍价格
19	14—60	窗套线聚酯清漆磨退 5 遍	m	4.70	6.74	31.68				
20	换 13—16	平面普通装饰夹板实心门	m^2	1.80	189.28	340.71				柚木夹板的价格为 70 元/张 细木工板价格 110 元/张
21	14—75 14—76	门板聚酯清漆 3 遍 每增一遍	m^2	3.60	30.26	108.94				3 遍 + 2 个每增一遍价格
22	15—72	木质门板收边线	m	5.8	10.18	59.04				40 以内
23	14—60	门板收边线聚酯漆磨退 5 遍	m	5.8	6.74	39.09				
24	15—86	大理石窗台板	m	1.96	138.31	271.09				湿挂>200
25	15—92	大理石窗台板磨边	m	1.96	10.26	20.11				磨小圆边
		家具工程								
26	换 15—15	杉木集成板衣柜框架	m^2	5.46	166.59	909.58				集成板市场价 126 元/张
27	15—66	涂装木线条收边	m	13.8	5.88	81.14				
28	协价	衣柜成品移门(含 5 金)	m^2	3.36	230.0	772.80				市场价 230 元/m^2
29	换 15—41	衣柜平板门	m^2	1.26	120.41	151.72				柚木夹板的价格为 70 元/张 细木工板 110 元/张
30	14—75 14—76	衣柜平板门聚酯清漆 3 遍 每增一遍	m^2	1.26	30.26	38.13				3 遍 + 2 个每增一遍价格

续表

序号	定额编号	项目名称	工程造价				其中(单价)			
			单位	数量	单价	合价	材料	人工	机械	备注
31	15－66	衣柜平板门涂装木线收边	m	6.6	5.88	38.81				
32	换 15－25	两门两斗电视柜框架	m	1.5	178.91	268.37				千年舟 E1 等级，市场价为 110 元/张
33	15－72	3 cm 木线收边	m	8.8	10.18	89.58				
34	15－71	2 cm 木线收边	m	1.72	4.25	7.31				
35	换 15－41	电视柜平板门	m^2	0.40	120.41	48.16				柚木夹板的价格为 70 元/张 细木工板 110 元/张
36	14－75 14－76	电视柜平板门聚酯清漆 3 遍 每增一遍	m^2	0.40	30.26	12.10				3 遍 ＋2 个每增一遍价格
37	14－60	电视柜收边线聚酯清漆磨退 5 遍	m	10.52	6.74	70.90				
								人工费		
		直接费			10993.00					

基础知识拓展

我国室内装饰工程计量与计价，是随着经济的快速发展，改革开放政策的正确贯彻，以及旅游事业的兴盛而发展起来的。室内装饰行业作为一个独立的与建筑业平行发展的综合行业，在国民经济的发展中发挥着重要的作用。室内装饰工程计量与计价在室内装饰行业的管理中有着重要的地位，随着市场经济的蓬勃发展和室内装饰行业管理体制的逐步健全和完善，它必将适应新的形势和时代要求，在科学管理的道路上发挥更大的作用。

一、室内装饰工程项目

室内装饰工程项目也称为投资项目、工程项目，或者简称为项目，但都是指需要一定量的投资，并经过决策和实施等一系列程序，在特定的条件下以形成固定资产为明确目标的行为。根据这个特征，在实际工作中所确定的某个建设项目，主要看在一个总体设计范围内，是否以形成固定资产为特定目标，是否在符合预定投资数量的范围之内。

一个室内装饰工程项目的分类，可以由若干个相互关联的单项工程所组成，这些单项工程也可以跨越几个年度或分期分批建设。建设项目按照组成内容的大小，可分为建设项目、单项工程、单位工程、分部工程、分项工程。

(一)建设项目

建设项目一般是指有一个设计任务书，按一个总体设计进行施工，经济上实行独立核算，营运上有独立法人组织建设的管理单位，并且是由一个或一个以上的单项工程组成的新增固定资产投资项目，如一个工厂、一个矿山、一条铁路、一所医院、一所学校等。

(二)单项工程

单项工程是建设项目的组成部分。

所谓单项工程(或称工程项目)，是指具有独立的设计文件，在建设后可以独立发挥设计文件所规定的生产能力和效益工程，是指能够独立设计、独立施工、建成后能够独立发挥生产能力或工程效益的工程项目，如生产车间、办公楼、影剧院、教学楼、食堂、宿舍等。

(三)单位工程

单位工程是单项工程的组成部分。

单位工程一般是指具有独立设计文件，可以独立组织施工和单独成为核算对象，但建成后一般不能单独进行生产或发挥效益的工程项目。它是单项工程的组成部分，如建筑工程，包括一般土建工程、工业管道工程、电气照明工程、卫生工程、庭园工程等单位工程。室内装饰装修工程包括楼地面工程，墙地面工程，天棚工程，门窗工程，油漆、涂料、裱糊工程以及其他工程。

总之，单位工程是可以独立设计，也可以独立施工，但不能独立形成生产能力与发挥效益的工程。

(四)分部工程

分部工程是单位工程的组成部分。

分部工程是按照建筑物或构筑物的结构部位或主要的工种工程划分的工程分项，如基础工程、主体工程、钢筋混凝土工程、楼地面工程、屋面工程等；又如，楼地面工程又可分为若干分项工程。分部工程费用是单位工程造价的组成部分，也是按分部工程发包时确定承发包合同价格的基本依据。

(五)分项工程

分项工程是分部工程的组成部分。

分项工程是分部工程的细分，是建设项目最基本的组成单元，是最简单的施工过程，也是工程预算分项中最基本的分项单元。一般是按照选用的施工方法，所使用的材料及结构构件规格等不同因素划分的施工分项，用较为简单的施工过程可以完成的。例如，在楼地面工程中(地面石材饰面铺装施工)可分为基层处理、找规矩、试拼、试排、板块浸水、摊铺砂浆找平层，以及对缝镶条、灌缝、踢脚板镶贴、上蜡等分项工程。

综上所述，一个建设项目是由一个或几个单项工程组成的，一个单项工程是由几个单位工程组成的，一个单位工程又可以划分为若干分部工程，一个分部工程又可以划分为许多分项工程。划分建设项目一般是分析它包含几个单项工程(也可能是一个建设项目只有一个单项工程)，然后按单项工程、单位工程、分部工程、分项工程的顺序逐步细分，即由大项到细项进行划分。概预算造价的形成(或计算分析)过程，是在确定项目划分的基础上进行的，具体计算工作是由分项工程工程量开始，并以有关工程造价主管部门颁布的《概预算定额》中的相应分项工程基价为依据，按分项工程、分部工程、单位工程、单项工程、建设项目的顺序计算和编制形成相应产品的工程造价。

二、室内装饰工程造价的组成

室内装饰工程造价，是指室内装饰工程项目从筹建到竣工验收、交付使用所需的全部室内装饰费用。

室内装饰工程费由分项工程直接费、管理费和税金等内容组成。室内装饰工程费用是在直接费的基础上计算的。

(一)分项工程直接费

直接费是指施工过程中耗费的构成工程实体和有助于工程形成的各项费用，包括人工费、材料费、施工机械使用费。

分项工程直接费 $=\sum$(分项工程量×单位产品定额基价)。

(二)管理费

管理费是指施工企业为组织施工生产经营活动所发生的管理费用。

管理费＝分项工程直接费×管理费费率。

(三)税金

税金是指国家按照税法规定，向纳税人征收税款的金额。

税金＝(室内装饰工程分项直接费＋管理费)×税率。

工程造价＝分项工程直接费＋管理费＋税金。

三、室内装饰工程定额

室内装饰工程定额是指在正常的施工条件下，完成一定计量单位、质量合格的装饰产品，所必须消耗的人工、材料、机械台班的数量标准。

(一)室内装饰定额分类

根据编制程序和用途不同可划分为装饰工序定额、装饰施工定额、装饰预算定额、装饰概算定额与概算指标、装饰估价指标。

室内装饰工程预算定额，是指在一定的施工技术与建筑艺术综合创作条件下，为完成该项装饰工程质量的产品，消耗在单位基本构造要素上的人工、机械和材料的数量标准与资金消耗的费用额度。它反映了室内装饰工程施工和施工消耗之间的关系，主要用于施工图预算。

(二)室内装饰定额内容

室内装饰工程预算定额的内容由总说明、目录、分章说明及其相应的工程量计算规则、定额项目表和有关附图、附表(附录)组成。

1. 定额目录

为便于更快捷地查找定额，把各章、节以及说明、工程量计算规则及附表(附录)等按各分部(项)的顺序注明所在页码作以标注。

2. 分章说明及工程量计算规则

分章说明是室内装饰工程预算定额的重要组成部分，它是对各分部工程的重点说明。

说明分部工程所包括的定额项目和子项目内容；定额的适用范围和使用定额时的一些基本规定；分部工程定额内的综合内容及允许换算和不许换算的规定；分部工程增减系数的规定；该分部工程中定额项目工程量的计算方法和规则。

3. 定额项目表

定额项目表是室内装饰工程预算定额的主要构成部分。在定额项目表表头部位即定额项目表的左上方列有工作内容，它主要说明定额项目的施艺和主要工序。在定额项目表右上方列出室内装饰产品的定额计量单位。定额项目表是按分项工程的子项目进行排列的，并注明定额编号、项目名称等内容；子项目栏内列有完成定额计量单位装饰产品所需的定额基价，以及其中的人工费、材料费和施工机械使用费；同时还列出完成定额计量单位装饰产品所必需的人工、材料和施工机械消耗量。有的定额项目表下面还列有与本章节定额有关的附注。注明设计与本定额规定不符时如何进行调整和换算，以及说明其他应明确的但在定额总说明和章说明中未包括的问题。

4. 定额附图、附录

定额附图、附录是配合定额使用不可缺少的一个重要组成部分。附录的内容一般包括机械台班价格、材料预算价格、铝合金门窗用料表、顶棚龙骨及配件表。附录主要用于进行定额换算和制定补充定额。

(三)室内装饰定额套用

应用定额的方法可归纳为直接套用定额、套用换算后的定额以及编制补充定额三种情况。

1. 直接套用定额

当施工图样的分部分项工程工作内容与所套用的相应定额规定的工程内容相符(或虽然不符，但预算定额规定不允许换算)时，则可直接套用相应定额项目。

2. 套用换算后的定额

当设计施工图样的分部分项工程内容与定额规定的内容不相符，定额规定允许换算时，则应按定额的相应规定进行换算，因换算后的定额项目与原定额项目数值发生改变，故应在原定额项目的定额编号前或后注明“换”字，以示不同。

3. 编制补充定额

如果设计施工图样的某些分部分项工程内容，采用的是更新和改进的新材料、新技术、新工艺、新结构，在预算定额的项目中尚未列入或缺少某类项目，为了计算出整个建筑装饰工程总造价，则必须由甲、乙双方共同编制制定一次性补充定额，并在所套用的补充定额的定额编号前或后注明“补”字，以示不同。

参考文献

[1] 任波远，辛勐．建筑装饰工程计量与计价．北京：高等教育出版社，2015.

[2] 吴承钧．室内装饰工程预算技法．郑州：河南科学技术出版社，2010.

[3] 刘富勤，陈德方．工程量清单的编制与投标报价．北京：北京大学出版社，2006.

[4] 田正宏，黄爱清．建筑装饰施工技术．第二版．北京：高等教育出版社，2009.

[5] 浙江省建筑工程造价管理总站．浙江省建筑工程预算定额(2010 版)．北京：中国计划出版社，2010.

[6] 中华人民共和国住房和城乡建设部．建设工程工程量清单计价规范．北京：中国计划出版社，2008.

[7] 汪洋．装饰工程计量与计价．北京：人民邮电出版社，2011.

[8] 王华欣．建筑装饰装修工程计量与计价．北京：中国建筑工业出版社，2008.